别害怕当个流泪的大人

高浩容——著

中信出版集团 · 北京

图书在版编目（CIP）数据

别害怕当个流泪的大人 / 高浩容著 . -- 北京：中信出版社，2019.1

ISBN 978-7-5086-9750-5

Ⅰ. ①别… Ⅱ. ①高… Ⅲ . ①心理学－通俗读物 Ⅳ . ① B84-49

中国版本图书馆 CIP 数据核字（2018）第 250862 号

别害怕当个流泪的大人

著　　者：高浩容

出版发行：中信出版集团股份有限公司

（北京市朝阳区惠新东街甲 4 号富盛大厦 2 座　邮编　100029）

承 印 者：北京楠萍印刷有限公司

开　　本：880mm × 1230mm　1/32　　印　　张：12

彩　　插：8　　字　　数：236 千字

版　　次：2019 年 1 月第 1 版　　印　　次：2019 年 1 月第 1 次印刷

广告经营许可证：京朝工商广字第 8087 号

书　　号：ISBN 978-7-5086-9750-5

定　　价：68.00 元

[推荐序 1][1]

我们终其一生，都在书写自己那本书

真诚的友人，睿智的观察家，
知名公众号“油炸绿番茄”创始人　斑马

我跟浩容虽然接触并不是很多，但每一次都印象深刻。他是那种典型的台湾暖男，声音柔和，有绅士风度，做事认真严肃。

对于叙事治疗我是门外汉，但我热爱写作，写作和叙事治疗之间有很多的共同点，里面讲到的方法，比如记重点，从心底速写开始，恰恰是我写作最经常用到的方法。

而事实上，写作也的确是自我疗愈的最好方式，我从初中开始写作，写作帮我达到我曾经不能抵达的世界。我在无意中做的事情，就是给自己的叙事治疗，倾听自己内心的声音。

这本书一如浩容以往的风格，温和，娓娓道来，浅显易懂，不刻意卖弄专业知识，适合很多心理学入门者。

---

① 推荐序排列顺序不分先后。——编者注

通过这本书，你可以掌握叙事治疗的基本方法，学会自我接纳，直面人生的至暗时刻，帮助自己获得内心的平和。

如他所言，人生如一部故事，有苦乐悲喜，我们终其一生，都在书写自己那本书。

［推荐序 2］

每个人都有问题，但我们本身不是问题

林紫心理机构创始人，心理学博士，中国心理学会科普委员会委员，上海心理卫生服务行业协会副会长　林紫

十一年前，林紫心理机构举办了中国首届叙事治疗工作坊，希望更多人了解“每个人都是自己问题的解决专家”；十一年后，接到在叙事治疗领域深耕多年的高浩容博士邀请，欣然推荐他的新书《别害怕当个流泪的大人》，希望更多读者在高博士娴熟的写作技巧和过硬的专业功底带领下，真正领悟到“每个人都有问题，但我们本身不是问题”。

［推荐序 3］

叙事：开启故事的“成人”之美

台北市咨商心理师公会前理事长，
台湾哲学咨商学会副理事长　侯南隆

叙事，用白话说就是讲故事、说故事。每个人都爱听故事，也都是听着故事长大的。故事是喂养我们内在精神层面的食粮，从小听着床边故事，我们认识了人事物所组成的世界，开启并建立了善恶好坏、是非对错的价值系统。随着年龄增长，通过戏剧、摄影、电影、图书、画作、歌曲所讲述的一则又一则的故事，我们浸泡在其中，感受故事所要传递给我们的信息与启示，心境情感也常常随着故事的情节起伏跌宕。故事有着转化个人知、情、意的力量，促使我们以不同的眼光来看待、认识与理解这个世界，与此同时洗涤我们内心积压的负面情感。

面对生活中的苦难，要从中超拔出来，简单地说，得仰赖内在或外在的力量。外在的力量是来自他人或他物的协助，而内在的力量即是意志力与智慧。这来自于人有着追寻意义的内在动力，就是持续不断地想“认识”这世界的种种“到底是什么”。当一个人能透彻地“认识”他所遭逢的人事物，就会生发出智慧，内心了然，从中发现出路，进而能做出“决定”去贯彻他的意志，意志 (will) 即是未来的实现。通过讲述故事，可以增进一个人对于自身生命经验的认识，从而获得新的意义，产生调整生活状态的意志与动力。但我们仍须注意，故事有影响力，但带来的可能是好的影响，也可能是不好的影响。

哲学咨商作为一门助人专业，这里的“助人”指的是协助来访者调整他的知、情、意、行。哲学咨商服务的目的就在于通过各种哲学方法来协助来访者获得“幸福”的生活。“叙事”乃是极有成效的哲学咨商专业方法，所谓的叙事，即是有目的地讲故事。哲学咨商师通过叙事的手法引进故事，建构故事，转化故事来协助来访者开启他个人的生命体悟与生活智慧。

浩容有着厚实的哲学训练底子，累积了丰富的哲学咨商经验，协助过许多来访者。在这本《别害怕当个流泪的大人》中，他具体而生动地教导读者，如何进行叙事，包括挑选故事、标定主题、引申意义、操作示范。一字一字地细细道来，一级一级地按着阶梯，拾级而上，细思可能遭遇的人生处境与主题，培养出智慧。这是一本既可自助亦可助人的不可多得的好书。

[推荐序 4]

看见某些时刻的自己

台北市立大学教育学系教授　梁云霞

阅读浩容所写的这一本书，是一个有趣的体验。有时不像在读一本书，而像是看见某些时刻中的自己。

我不是哲学咨商的专家，也没有带着叙事治疗的框架。我想分享的是，站在人生的街口，阅读这本书后的几个看法：

第一，我读进心里的是这句话："问题是问题，问题不等于人。"虽然在书中的同一页，有一部分是谈叙事写作的方法，但是，我认为这句话本身就是方法，是一种把我们的心理困境，或者某段痛苦的激励，加以外化的方法。外化的作用在于"具体"和"聚焦"，我们碰到的伤痛，就像我们要写（或读）的一个故事，让我们给这个伤痛一个命名，给他一个角色，给出故事性的描述，那么就可以试着和他对话。顺着这个"外化对话"的方法，书中因而提出了常见的例子、具体操作的方法，相当具有可行性。小至小女孩摔跤，妈妈如何对着伤口吹气，把“痛痛吹走”（我家女儿小时候跌倒时，我也曾这么做），大至刻骨铭心的失恋伤痛。

书中这么说：“当我们和痛苦之间不再那么水火不容，或许就是让他们重新进入我们自身，重新内化的时机。”我想，每一个人都可以学习给自己创造这样的时机。

其次，第二章中有八则小故事，很能体现我们平日心中的矛盾。尤其是“剑客张三”（2-4）和“念佛的老周”（2-5），相互对照，让人会心一笑。这些年来，很多人谈论“幸福感”，研究“美好生活”是什么，是的，由于每个人都是社会动物，所以大部分时间，我们自认为的“幸福”和“美好生活”，其实是社会建构的仪式，反而不一定是个人能安身立命的“自我认同”。

要分辨自己是否已经变成老周“不再心中有佛，而成为一个读稿机”，坦白说，这件事很难。几年前我和研究生一起分析小学生的语文课本，课文里面有许多要孩子们反复阅读后，要作为学习榜样的主角人物。我们发现，社会建构的人生仪式早已经静悄悄地在小学课本中出现。长期潜移默化下，什么是别人影响下的你？什么是原汁原味的你？很难当下就厘清。

有趣的是，这本书没有采用“破坏性创新”的视角，提出“大破大立”的方法。浩容提出的是：“对在成长的过程中建立的思维和行为习惯，进行重新认识，用更成熟的角度去重新刷新它们的含义。”他这么写道：“这也不是对过往的割离，而是个体与个体，带着彼此不同文化展开的交融。”在书中的《开放：外星人之间的友谊》（4-3）一节，也有进一步说明和诠释。不过，我得承认，这真的不容易。然而，我赞同有时我们得放自己一马，也放别人一马。

第三，我觉得第五章中的内容，很有力道。这里出现了许多直白、浅显的故事，寓言性质很突出。更有意思的是，这些故事直指我们人生的脆弱面：害怕孤单、担心不被认同、不敢采取行动，以及执着于单一的真相。书中有一句很直接的话：“‘我要的是真相！’这句话大概是咨询室中最常听到的谎言。”

如果我们能好好读完第五章中的故事和诠释，那么，就已经做好准备进入到最终章所说的“接纳：既不是放弃，也不是接纳”的用意，重新认识亚里士多德说的：“幸福的前提必以自身为目的。”

那什么才是以“自身为目的”？建议一起来读一读这本书的最终章，好好了解自己，包括内心真实的需求和欲求，然后，好好爱自己。

这本书适合每个想要找到方法爱自己的人。当你站在街头看见人潮车流，理不出头绪，听烦了各式各样的忠告，那么，静下来读这本书吧。

阅读这本书，我觉得不用一口气拼命读完，人生不是赶快车。一个故事一个故事，一章一章慢慢前行，人生的列车以合适的速度前行，风景会更清晰。

最后，我要肯定浩容在这本书中呈现的长期耕耘和累积，他贴近人生的细腻观察、体会，反复思考和书写，才能运用故事带出人的痛点、矛盾，以及内心愿意被了解的核心。同时，他也并没有把自我限制在故事里，而是糅合了从哲学、心理学中获取的知性养分，说明、解释和讨论。

浩容曾说过要用哲学咨商的人“陪伴”来咨询的人，现在我可以体会“陪伴”这个词语，不仅是“有人在一旁”这种形式上的意义，更有意思的层面是：

一起在问题中来来回回：问、想、说、聆听、咀嚼、发现。

[推荐序 5]

生活处处皆学问

挚友　许蜜蜜

认识浩容差不多有七年了，七年间看着他从在读博士一步步走到今天，似乎是见证了一个学生到社会人的转变。他在走向社会之前沉淀了许多东西，已经比绝大多数人想得更深了。

这种深层次的思考绝不是一朝一夕的，也不是某些人自以为有点小情小调，读了一些书，甚至是网络上的碎片化阅读后抓取来的新鲜概念。我自我感觉还算有点文化，但不管是和浩容在聊天时，还是看他日常公众号时总是自惭形秽。一个人能耐得住孤独寂寞，耐得住繁华诱惑，更主要的是耐得住七大姑八大姨的碎碎念，孜孜不倦地读书钻研一门学问，确实令人佩服。浩容一直在认真积累人生经验，带着这种沉淀积累，他从台湾辗转到上海。

对于他来到上海工作我一点都不意外。那年大年三十他在我家吃完饺子喝美了，直接把自己撂倒在沙发上，这份接地气的劲儿，每当读他的文字，就能感受到，他总是把那些深深的话，浅浅地说出来。

世人总喜欢看文化人端着讲一些大道理，而我却更喜欢能把这些大道理简而化之的人。把那些复杂的事简简单单说出来不是一件容易事，而生活中那些小事，勾着魂的、丧眉耷眼的、喜上眉梢的各种各样的你看着不起眼的小事，能从这些事里琢磨出人生境界，往深了给讲透彻了，说明白了，让你觉得“噢，原来是这么回事”的人也不多。这种从复杂到简单，又或者从简单升华到复杂的、两头都通的本事并不是谁都有，浩容行，因为他活明白了。

真心推荐他这本新书，如果你和我一样认认真真读完，就会明白我絮絮叨叨说了这么多是什么意思了。这些发生在身边的小事，经过他的眼走了那么一遭，转进了他的脑子里，出来的时候就被轻轻松松升华了，提炼出那些深奥的学问，在你看过书之后恍然大悟，原来生活处处皆学问。

有时候，我会有一种人生不如意十之八九，可与人言无二三的感受，但到了浩容这，三言两语既能解开心结，又能不那么俗气，真的是妙极了。

也是借着推荐这本书的机会表达对浩容的欣赏和看好，未来漫漫，其路修远，得知己浩容不失为人生一大幸事。

[自序]

别害怕当个流泪的大人

“How does it feel to be a problem?”（身为一个问题是什么感觉？）

这句提问来自美国社会学家杜波依斯（Du Bois，1868—1963），他是一位黑人。

当时在美国，黑人在人们（通常是白人）眼中不仅是少数，更是异数。就像他和他的群体本身的存在，就是一个社会问题。

杜波依斯的问题，同时也是许多人的问题。许多被伤害的人、痛苦的人、内疚的人、寻求精神慰藉与救赎的人，曾几何时他们把自己看成一个问题，就像自己生来就是奴隶，甚至将自己的出生视为一种罪恶。

社会上有些人就在贩卖这种声音，告诉别人“你是不好的”

“你做的是错的”。

比如某些大人告诉孩子，几岁该结婚、该生孩子，高考该选什么志愿，以后该做什么工作。不照他的意思去做，就是错的，有问题的。

又比如一个地方的人，把自己城市的问题推给“外地人”，所以解决这些人反倒成了解决问题的方式。

有些人把别人视为问题，还说服那些人把自己看成问题。

正是面对这样的处境，我决心写这本书，写给“把自己看成一个问题”的人。

通过对叙事治疗的哲学拆解，搭配需要你阅读与省思的故事，帮助我们重新看待自己，认识自己。

生命就像一场读故事、同时写故事的旅程。故事有高潮起伏，有剧情发展，有苦乐悲喜。在这过程中，我们仿佛陪伴自己重新活过。

当然，有人可能会问：“为什么要靠写作这种方式，难道只能靠自己吗？”

我们自然不能只靠自己，但无论我们靠谁，最后我们都得自己做个决定。

不过，这并非意味着写作就全然是个人的、封闭的。其实写作就是一种展开连结，不仅仅是达到我与自己，还是达到我与他人、我与环境和谐的互动方式。

记得有次在一个留美的家长群里，一个母亲谈到，她是何时意识到孩子长大了。

这位母亲有两个孩子，都在位列美国常春藤盟校的大学读书。

一年暑假，大儿子选择去非洲服务，那个国家曾遭遇过埃博拉病毒的袭击，她很担心，致电给大儿子，表达反对之意。

这时她身旁的小儿子听了，对她说："妈妈，你认为应该谁家的儿子去？"

这位母亲听完之后，她说自己从儿子身上学到两件事。

第一件事，第一次真切地去关心贫困国家的人民，了解这个世界。

第二件事，她当年拼命送孩子上好学校，是为了让孩子以后过更好的生活，但她的大儿子比她走得更远，想要打造一个更好的世界。

然而，就像学习沟通，我们还是要有一些可以依循的步骤与方法，好让我们更加懂得该如何与内心对话。就像在正念中，还是要学如何冥想、呼吸；在家庭治疗中，学习如何有效倾听等。

学习与使用方法，实现我们内心的自由与平安，往往是一个必经历程。

当我们熟悉这样的历程，我们就可以"抛弃"这本书上写的一切。

最后，这本书不是教你写作变现。而是通过哲学视野下的叙事治疗理论，配合写作技巧，通过书写，观照我们周遭发生的一切。重建我们对自己和环境的认识，好让我们看见：

"确实每个人都有问题，但我们本身不是问题。"

我始终如此相信。

目　录

第一章　唤回内心的孩子

1-1　楔子：找到你遗失的那块拼图　003

1-2　心态决定一切　011

1-3　你真的了解自己吗？　018

1-4　安慰“看不见的自己”　027

1-5　我没有心，但我想要有　034

1-6　唤回内心的孩子　041

1-7　对生活感到麻木怎么办？　048

1-8　对世界诚实，对自己诚实　057

第二章　为什么我总是觉得别人比我好？

2-1　楔子：走出“假性随和”的人生困境　067

2-2　具体化：如何通过身边的人了解自己　075

2-3　形象化：什么是“活出自己的样子”？　083

2-4　形式化：为什么我总是觉得别人比我好？　090

2-5　规则化：自我认同是生活意义的开始　098

2-6　细节化：我们是由人生的“每一刻”所构成　105

2-7　概念化：“我”到底是什么？　112

2-8　走进自己的生命　119

第三章　世界真的不公平吗?

3-1 楔子：分手后，我选择去整形 129

3-2 傲慢：你赢了，我们输了 135

3-3 嫉妒：当我感觉自己变得丑陋 142

3-4 愤怒：世界真的不公平吗？对又怎样，不对又怎样 148

3-5 懒惰：既然出身决定一切，我干吗还要努力 155

3-6 贪欲：我只看得见我没有的，却看不见我有的 161

3-7 性：如何安放最原始的激情 168

3-8 写一封遗书 175

第四章　从原谅到复原的旅行

4-1 楔子：我渴望被理解、被接纳、被尊重 185

4-2 正面：活出真实的自己……啥意思? 192

4-3 开放：外星人之间的友谊 199

4-4 倾向：差异之间不一定存在好坏，好坏之间不一定存在差异 206

4-5 接触：注意口语以外的信号，那里有故事 213

4-6 放松：诸法皆空，自由自在 219

4-7 和解：从原谅到复原的旅行 225

4-8 给世界一个机会 231

第五章　是谁，决定了我的快乐与哀愁?

5-1 楔子：人是孤岛，还是列岛? 239

5-2 澄清：学会提问 248

5-3 确认：重要的事情要说三遍 254

5-4 发现：开启更多的可能 262

5-5 评价：相对来说，我喜欢你；总的来说，我讨厌你 269

5-6 选择：是谁，决定了我的快乐与哀愁？ 275

5-7 履行：我们是自身行动的总和 281

5-8 开启一部家族史 287

第六章 像个孩子去写

6-1 楔子：写一部小说 295

6-2 舞台：像个史学家去写 306

6-3 挑战：像个批评家去写 312

6-4 变化：像个艺术家去写 320

6-5 缺憾：像个哲学家去写 328

6-6 四季：像个孩子去写 335

6-7 死亡：像个老人去写 342

6-8 不为什么而写 353

后记 362

第一章

唤回内心的孩子

在和自己舒适相处的过程中，我们更容易对自己敞开，去聆听自己。所有的表达，都始于聆听，就像一个人的成长过程，我们逐渐地打开所有感官，去辨识环境中的声音，并从中解读出意义。让我们重新像孩子一样去听。

1-1
楔子：找到你遗失的那块拼图

前言：向外觉察

首先谈的是在进入咨询前的准备，也就是为什么要进行咨询，咨询对我们能有什么样的帮助。这个问题也是在问叙事疗法对我们有什么帮助，为什么要使用叙事，而不是其他的方法。

实际上，叙事治疗只是诸多咨询方法其中的一种，因此本章首先谈的是我们为什么要通过叙事治疗，进行咨询，进而告诉读者，该通过哪些方式做好准备。因为我们在这里谈的叙事治疗，并不通过咨询取得进展，而是通过文本和广播，让读者经由自学的方式，达成类似的效果。

向外觉察，就是先对我们感官的进行重新认识，如同这几年积极心理学所谈的，我们重新学习如何更精准地使用我们的感官，好重新梳理我们对于世界的认知，而这些认知会反馈到我们身上，让我们更容易寻找到生命的意义。

故事

最后一次，我为你书写。

我写这些是因为就算今天我不是你的朋友，我也会给你这些忠告。我那时候伤害的人，特别是我爱的家人和好朋友，有的人已经回不来了，有的则是感觉回不来了。

三十岁以前，我为了成就作家的理想，不惜舍弃生活的各种乐趣，包括情感的羁绊，友情、爱情，凡是稍微让我觉得瓜分了我写作时间的、我想一个人静默的计划的，我都视为一种干扰。

之后两年，我确实有非常多的时间写作，2011-2012年，我的创作量在百万字以上。然后有天我才发现，我太愚蠢了。

因为我看到一些努力的，也有成就的人，他们不少都经历过一段时期，他们烦躁而不耐地面对家人、朋友与恋人，忖道："我还有更重要的事情要做，为什么要干扰我呢？你不能体谅我吗？等我忙完就好？"

我一度也认为，现在这个人错过了，反正还有下一个人。我会更好、更强，然后我会遇到更好、更强的人。

直到有天我发现我回头看的时候，那些阅读我的作品的人，都是我所不认识的，我受到的一点点恭维也不过是来自那些“表面互动良好，实际并非真正了解”的人，他们根本不了解我的人格特质，也不能包容我的缺点，只是为了满足他自己，而不是真正关心我。那样的关系看似美好，实则肤浅而短暂。

当我努力的时候，我觉得很充实，但实际上，我发现快乐的时间并不长。有天我才搞懂，原来很多事情都会引发快乐，充实当然也是，但对事业的付出与努力的充实，那只是生活的一部分，也仅仅只是一部分。

我错过的许许多多，都来自我个人的自私。我这两年努力地修补跟家人的关系，也愿意花更多时间去主动呼应朋友们。

我终于理解到一件很重要的事情，我想创造更多美好的作品，我还没有看到世界的边缘，但那不表示我可以以此为借口把自己和其他人的情感需求进行划分。有些关系是无法修补回来的，时间会改变人，但改变不了回忆，回忆仅仅是过去的碎片。

回想那两年，我做的一切都是为了自己，我把自己关起来，将许多负面的情绪传递给了别人，当中绝大多数都是关心我、爱我的人，正因为如此亲近，我才会如此放肆地伤害他们。

就算我有懊悔，修补也只是从负到正的过程，不如在平时就好好善待他们，多想两分钟，消化自己的脾气。

每当回想起我以“我要写作”为借口，去拒绝好友与恋人。这根本说明不了我个人片面且微不足道的成功，而是彻底被自私、虚荣与对人的不信任操控，沉溺于以自我为中心的失败。

我还是会寂寞的，但我能做的就是自己找乐子，或是继续投入所谓“很充实”的写作中，当我想要身边的人都体谅我的时候，我才发现他们都已经慢慢地心冷，离我而去了。

台湾作家苏伟贞的短篇小说《陪他一段》，是我大四的时候，一位老师叫我看的，但我很多年后才看懂。

故事讲两个人，费敏和李眷佟。他们的关系，一言以蔽之就是“费敏的天地既只有他，所以他的天地愈扩大，她便愈单薄，完全不成比例”。“她觉得自己真像他的情妇，把一切都看破了，义无反顾地跟着他。”

费敏是个不善表达感情的人，而李眷佟也是一个感情冷漠的人。费敏不敢问他：“你爱我吗？”但她始终都是真心地去给予李眷佟他想要的。

“他给了她太多第一次，抵不上他说一句‘我需要很多很多爱’时的震撼，是的，她不忍心不给。”

最后费敏自杀，遗书中写道：“我需要很多很多的爱。”

老师当年跟我说，她觉得费敏少写了一个“也”字，应该是“我‘也’需要很多很多的爱”。

这世界上谁不需要呢？我想每个人都需要，只是有时我们太累了，心已无法承受那么多，以至于我们愤懑不满，不计代价地想要梳理出最简单的生活，就像那时候的我，我告诉自己：“我只有写作，也只需要写作。”但没有家人跟几位好友的不离不弃，现在的我会是怎么样的一个我呢？

当我认识的因为自己的成就而真正快乐的人越来越多，我才发现他们对在乎的人所给予的关心，并不会因为追逐梦想而减少。顿时，我才理解我的盲点。其实是我能力不够，加上境遇不佳，于是我像个孩子一样因为不满而在生气发怒罢了！

不要因为心中的“大事”而轻视身边的“小事”，许多“小事”都比“大事”更重要。

这是我想跟你说的。

珍重，我的朋友。

今后，我将为自己书写。

心理

上面这篇文章，是我曾经写给某个人的信。书写的过程中，我的大脑在思考，心在流转。书写的对象是她，同时也是我自己。是当下的字字句句，也是在对过去道别。

这种方式，是某种对话，某种诉说、表达与倾听。

这是一种心理咨询的方式，叫作“叙事治疗”。

从字面上看，叙事治疗好像是一种关于书写的心理治疗方式。

换个角度，从哲学咨询的角度看，是两个学科交会于心理咨询的十字路口：“诠释学”（Hermeneutics）与“叙事学”（Narratology）。

既然是十字路口，则必然有诠释学、叙事学和心理治疗殊途同归之处。

同时，这也是一种写作与表达能力的培养。

三者交会的点，就在于三者都在对“文本”进行分析，所谓文本，可以是文学创作，可以是一部电影，可以是一篇日记，或是一个人的人生。

更简单地说，当我们在经历我们的生活，我们就在书写一本人生的大书。

但这本书之所以让我们快乐或悲伤，不只是因为我们经历了什么，更重要的是我们怎么去看待我们经历的内容。

同样是战争，有人从中看见勇气，有人看见人性的丑恶。

同样是养育孩子，有人看见的是要花多少钱、多少时间，会给自己带来多少麻烦，但有些人看见的是生命传承、一家人和乐融融的喜悦。

当我们无法从乐观的、开放的、充满希望的角度看待我们的生命，我们就陷入了一种自我分离，当分离到了无可挽回的程度，我们就丧失了自身，宛如死去。

正如弗洛伊德谈“分离”与“丢失”，丢失就是“永远的分离”。

这句话远远呼应到两千年前，苏格拉底时代有句晦涩的箴言：“人类之所以走向毁灭，是因为他们不能把起点与终点连结起来。”

从心理咨询的角度来看，这句话蕴含两层意思：

其一，当我们承受内心的痛苦，往往在于我们的生命不再完整。所谓不再完整，就是我们无法接纳我们的全部。

其二，我们在生命的历程中，不断“丢失”我们自身，当我们丢失到某个程度，我们的心也就死了。

一个幸福的人，往往是他能理解自己的整体，接纳自己的不完美。

然而，有些人在童年遭受强暴或虐待，他们的心从那时就停止了生长。

有些人在成长过程中，面对社会的现实与残酷，他选择麻木，从那时，他的心也停止对外的好奇与探索。

有些人面对丧亲之痛，以至于他永远地沉浸在某个时间段的回忆之中，不愿意走出来。

这些人，他们都无法将自己的生命拼成一个整体，他们丢失了自我的某块拼图。

当我们与自己内在的某个部分永远分离，我们就迈向了死亡。

所以我们必须书写，书写是为了找回曾经遗失的拼图，使我们重新变得完整。

但又不仅仅是书写，叙事治疗的方法，如同诠释学或叙事学的方法，目的是寻找真相的同时，用属于我们自身的生命语言，赋予其独特的生命意义。

那一刻，我们才真正活出了自己的生命。

结语

哲学家伽达默尔（Hans-Georg Gadamer）说："随着老年到来，未来就这样被熔化了，而过去却变得愈加丰富而多彩。"

当我们完整地接纳成长的历程，就像从出生那一刻就开始写日记，并且不仅仅流于书写，还包括对生命整体的解读。就像把一团陶土捏成茶壶，我们的生命随着我们的理解与创造，能从痛苦与迷茫中，重新找到幸福的意义。

1-2
心态决定一切

故事

老艾年纪大了，他把儿女叫到跟前，和他们诉说往事。

当年，还是少年的老艾，跟着叔叔从安徽南下，辗转经过上海，来到香港，从香港去了台湾。这一去，就是三十几个年头。

老艾谈到当年，从香港坐船，在船上的时间，就像进入另外一个时空。本来二十四个小时的旅程，仿佛变成四十八个小时，感觉时间变得很漫长。

他的肚子很饿，但身上没有粮食。奇怪的是并没有人在喊饿，连肚子咕噜咕噜叫的声音都没有。可能大家都习惯了那样的饥饿，就像习惯了离别。

时间感变长，让老艾开始有点恐惧。他没有坐过那么久的船。身边都是腐臭的气味，加上浪涛摆荡，几个人开始出现晕船的症状。有的人直接呕吐，呕吐的场景和味道，接连引发更多人的不舒服。

老艾快受不了了，他的叔叔见状，给他一小口放了两个晚上的锅巴。

老艾吃得很慢，生怕一下子就尝不到食物的滋味。

很奇妙，他越是嚼得慢，那食物就像是会繁殖一样，怎么都吃不完，还能尝到各种复杂的味道。

凭着那口锅巴，老艾坚持到船缓缓地靠岸。

心理

开头的故事诉说着现代人的悲剧，随着人生的进展，我们会发现越来越难专注在某些生活的细节上。

我们忙着上班，三两口吃下嘴里的食物，没有仔细咀嚼，更没有仔细品尝。

我们忙着应酬，混着喝了好多好多的酒，即使这些酒再名贵，也失去对风味的欣赏。

这种虽生犹死的感觉，充斥在生活的每个片刻。然而，当我们回顾过往，你是否曾有这样的感受？

在刚出社会工作的时候，生活困顿，却过得简单、开心，后来有了车、房、家庭，令人烦恼的事情反而更多了。

还有在青葱岁月时的恋爱，牵牵手就能给人大大的满足。如今，可能一连谈过几段恋爱，却再也没有当初的悸动。

所以从叙事治疗的角度来说，谈写作并不是要我们马上提笔，“贪图”写作，而是通过写作之前、当中过程和之后，仔细地去体察内心的心理变化。

那什么又是心理呢？

当我们谈“心理”这个词，很多时候聚焦的好像是一个单一的概念。实际上，我们更多谈的是“心理活动”，也就是心理并非是一个静态的名词，而是动态活动整体。

譬如当我们说“我很伤心”，这个伤心有很复杂的变化，并连带地有身心之间互相影响的连锁反应。

当我们谈心理活动，我们的主要认识来自我们自身心理活动的经验。而每个人对于快乐、悲伤、恐惧、不安等心理活动，各有不同的体会。

但正因为对于心理活动的体会如此抽象，加上个人化的特征，使我们反过来能够超越现实世界的框架，超越我们的感官，达到一种前所未有的层次。

譬如结合禅修与心理学的康菲尔德（Jack Kornfield）在《踏上心灵幽径》（*A Path with Heart*）这本书中，就谈了许多内在体验与外在体验交融，使体验者的心灵强大，终得治愈的过程。

用最简单的话来说，“心态决定一切”。

如果康菲尔德谈得更多的是修行，那么哈佛心理学家兰格

（Ellen Langer）的知名著作《专注力》（*Mindfulness*）中，谈得更多的是如何通过科学化的心理学，达到与禅修同样的效果。

首先，我们要厘清一点，“Mindfulness”除翻译成“专注力”，在心理学界更多称其为“正念”。

正念来自积极心理学，结合了禅修法门，是东西方心理学交融的当代显学之一。

兰格提出了几点，帮助我们增加对生活的感知与觉察能力。专注只是其中的一部分特征，但却是很珍贵的心理状态。这种专注指的不是专心做一件事，而是将自己的心摆放在一个安定、不受干扰的状态，好使我们能清晰明了认清我们自己，认清人与人之间的关系，认清我在宇宙（环境）中的位置。

然后我们就能自我安放，不再因外在事物变迁，引起我们对生活的不安。不再因为自身随着年纪老化、随着看见人们生老病死，产生存在的焦虑。

所以比起专注，或者正念，也许我们也可以称“Mindfulness”为“沉静”。

为什么现代人无法沉静，兰格认为：

1. 习惯性重复。

某些事情，我们未曾思考就不断地重复去做，却从未真正理解自己在做什么。就像在流水线上的员工，他们的注意力并不在当下，只是像机器人一样重复动作。

2. 思维固化。

有时在我们真正理解一件事之前，我们就根据片面的经验，做出过于粗浅的判断。好比一个人刚好踩到狗屎就接着遇到倒霉事，他就认为踩到狗屎必定倒霉，形成一个似是而非的推论。

3. 迷信“资源有限论”。

对自己的能力做出限定，以为超过某个限度的事情，自己肯定做不到。但往往有些事情需要我们长时间地专心投入，才有结果。可一旦我们肯定自己做不到，我们就不会尝试，因此就更觉得自己做不到。

4. 线性时间论。

将生活的意义等同于时间的流动，但实际上时间只是一个客观的数字。如果我们专注于过程，便能在过程中得到快乐。就像人生只有计划表，没有时间表。我们不能判定自己的努力肯定在何年何月何日开花结果，但往往线性时间使我们更多地关注于结果，而忽视了当下的每个瞬间。

5. 功利化教育。

“成败论英雄”“结果决定人生价值”的口号，让人们活在惶恐之中，好像身边随时有个人在告诉你该怎么活，不这么活你就错了，你就完了。因此人们无法专注于生活本身，他们的心力几乎全用来抵抗恐惧。

6. 场景的力量（根据场景和关联思考做出判断）。

当我们身处在一个环境，总是有人告诉我们“应该”扮演什么样的角色，使我们以为我们生来就该那么活。

如著名的斯坦福监狱实验，心理学家津巴多（Philip G. Zimbardo）把受试者分成犯人和狱卒，结果他们真的投入在角色中，产生了心理上的变化，包括狱卒对犯人的欺压等。这都说明如果一个人过分投入于场景，他可能就会失去改变自己的意愿。

方法

环境、角色是固化的，我们的心却是灵活的。好比并不是每个学生，都只能按照老师提供的一种学习模式学习。我们可以反过来，去改变这个场景，或者改变我们在场景中的角色。

我们只有让心灵自由，才能真正完整地感受我们的生命，沉浸在属于我们自身的幸福之中。

譬如在马克·吐温的小说《汤姆·索亚历险记》中就有这么一个故事：

婶婶叫汤姆刷油漆，汤姆看到好大一面篱笆，根本懒得刷。但他想到一个点子，每次有其他小朋友经过，他就会拿起刷子用快乐的表情在墙上画画，好像乐在其中似的。

小朋友看了很好奇，也想试试刷油漆，汤姆还一副舍不得的样子。结果他的行为反而激起小朋友们更大的好奇心，并且他们也真的从中得到刷油漆的乐趣。

当我们把刷油漆看成是工作，想起那些乏味的经验，我们可能还没开始刷就感到万分痛苦。但当我们改变心态，打破固化思维，以及他人架设的场景，我们就有力量为自己设定新的角色，用自己的方式，在场景中找到新的快乐。

在进入叙事治疗的初步阶段，我们不用急着动笔。我们可以先试着检视自己的生活，给自己设定一个新的场景、新的角色。

我们可以这么做，走进文具店，挑选我们喜欢的纸和笔，想想怎么给自己创造一个舒适的书写环境。或者我们做一个新的尝试，过去我们都是待在同一个房间的同一张桌子，这次我们可以换个咖啡店。

和过去书写其他东西不同，即使什么都还没有开始写，那也不要紧，我们可以先感受一下笔尖摩擦纸张的感觉。或者第一次使用钢笔，有点手忙脚乱的陌生感。

我们先试试这些“新”的体验，让自己明白，这个世界充满各种惊奇，我们的生活还有好多种选择，还有好多没有走过的路。

结语

这次一切都是新的，我们可以为自己做这个决定。

1-3
你真的了解自己吗？

故事

班是一只黑猩猩，多年来他居住在雨林深处，直到探险家发现了他，把他带到城市里的动物园。

到动物园的第三天，班就逃走了。

在乌云密布的夜里，他趁着月光被遮蔽，踩着幽暗的影子，来到郊区。他被郊区一间工厂的厂长看中，把他带进工厂，要他成为生产线上的一员。

班告诉厂长："我是一只猩猩。"

厂长说："只要你穿上制服，开始干人类的活，你就不是猩猩，是我们工厂的一颗小螺丝钉。"

班穿上制服，开始每天打卡上班，在生产线上组装人类的手机。当他感到疲劳，想要休息的时候，厂长会把他叫到一旁训话，还威胁要扣他的薪水，让他买不起喜欢的水果。

经过日复一日的工作，班融入到群体中，他每天都感觉疲惫不堪，但越是疲惫，越是担心自己生病而无法工作。越是担心，他就越会督促自己无论身体怎么不舒服，心底如何倦怠，都要去工作。

因为担心总是一层一层的，从担心买不起喜欢的水果，到和其他人类一样，担心没有稳定收入，以后无法成家立业，将来会成为社会角落的成员，人们唾弃的对象。

有一天，郊区发生地震，所有人都逃了。

班也逃了，他逃向雨林，在那里他和过去的同伴相遇。

同伴们都不接纳他，说他是人，不是猩猩。

其他猩猩说："猩猩不会穿衣服，猩猩也不用上班。"

班无话可说，他也不知道自己是人，还是猩猩。

心理

一般坊间的写作课经常会听到一个概念，"最好的故事，就是自己的故事"。如果不知道要写什么，从描写自己的生活开始就对了。

话说得很简单，问题是怎么入手？

或者说即使知道怎么入手，所谓"写自己的故事"具体来说该怎么做？

把生活写成流水账？

跟写日记有什么不同？

有句俗谚形容一个人很了解另一个人，我们会说了解的程度如同“肚子里的蛔虫”。

实际上，人与人之间的认识或许并没有我们所设想的那么简单，简单到我们以为自己了解一个人，我们就真的了解。

这是很难避免的一件事，就是我们其实并没有那么了解别人。

同时，我们很可能也不了解自己。

这才是很多人无法写出故事，并且即使试图拿自己的生活经验来写，依旧写不出东西的原因。他们就像文章开头故事里的猩猩，认不清自己的样貌，所以你要他写出自己是什么，过什么样的生活，有什么梦想，有什么恐惧或希望，他压根写不出来。

然后有些人转攻另外一条思路，放弃去做更深入的自我探索，而是去寻找极端、猎奇、怪异的人事物，用博取眼球的方式作为故事的灵感。但这样往往会把自己推到另外一个写作的深渊，就是写出来的东西无法感动多数人，因为这些极端、猎奇、怪异的人事物对一般人来说很遥远。

之所以会有这样的情况，如叙事治疗心理学家麦克·怀特（Michael White）的研究，我们的自我认知，往往如哲学家福柯所言：

“在我们真正知道自己了解什么之前，我们已经被灌输了许多观念。这些观念在我们未曾怀疑下，甚至成为我们的原则。”

福柯称其为“正常化判断”（normalizing judgment），也就是社会设定了某些人的形象为所谓的“正常人”，并告诉人们什么叫“正常”，然后其他人以此为标准，去判断自己或他人到底正常或不正常。

和正常化判断互相配合的，则是社会对那些被定义为不正常的人，进行的“分离实施”（dividing practice），将那些贫穷、疯癫或弱势者，与所谓“正常人”加以分离。

在当代心理学中，他们延续福柯对于正常化判断的警醒，好比纳粹当初就是用一套少数人定义的标准，作为实施种族歧视、屠杀犹太人的借口。

积极心理学家马丁·塞利格曼就曾说过：现代心理学的转向，就在于从过去专注在少数特异的病人身上，少数特殊的病症，转而回到真正多数的正常人。

过去心理学家花了很大的工夫去研究少数、特殊的情况，却忽略世界上的多数人其实过得并不幸福。

但对于所谓的正常，定义不断在改变，正如不正常的定义在改变。曾经同性恋被视为不正常，被编入《精神病诊断与统计手册》（*DSM*），到了 1973 年才从此书中删除。

这听起来有点荒唐，心理疾病竟然是由少数人决定，更有趣的是每次 *DSM* 的改版都会“消灭”某些心理疾病，却又“新增”一些闻所未闻的心理疾病。

难道正常与不正常，就因为每几年改版一次的手册，随之出现或消失？

从叙事治疗的立场，怀特认为我们可以通过“外化对话”（Externalizing Conversations）将问题客体化，为原本被我们内化的问题找一个解决方案。

这个解决方案，就在于将自己与问题切割，告诉自己：“问题是问题，问题不等于人。”

同样地，猎奇与极端也许让人一下子很兴奋，获得短暂的注目，但你以此创作出来的作品，便容易沦为“为博取目光，而非获得感动”的作品。等到你那些令人惊奇的点子消失，读者也就跟着消失，因为你未曾和这些故事产生真正有深度的连结，更遑论要读者和你产生连结。

既然问题不等于人的本质，进而也就不等于我。

也许你选择那些极端、猎奇的故事，是因为你被它们吸引，但那不等于被吸引，就是你的创作本质。但这是一个很好的线索，去追问为什么我们想要沉浸在这样的刺激之中。

然后，我们要从这样的刺激之中走出来，切换到一个旁观者的角度。

当我们处在其中，我们可以将感同身受，或者就是我们自身的感受写下来；切换到旁观者的角度，我们可以将故事的整体面貌、背景、多角度的叙事描绘下来；两者相加，就会形成一个立体的故事。

好比当我们描述一个不幸的家庭，当中有着父亲对孩子的家庭暴力。于是这个家庭中有施压者让被压迫者感觉他之所以受到各种暴力，都是他自己的错。好比有的家长将自己的生活压力怪罪在孩子身上，并通过惩罚孩子来泄愤。

孩子如果判断能力不够健全，他可能就会误以为自己真是扫把星，是他害了爸妈，甚至害了整个家。他会对自己的存在产生否定，对自己的价值打上无数个负分。

这样的孩子，他把问题等同于自身，于是他就很难从暴力中脱身，因为在他看来，他实在一无是处。

那么我们描写了孩子，又描写了父亲，又描写了与之相关的人事物，故事就成为一个丰满的整体。读者能从中获得丰富的信息，促使他沉浸在故事之余，也有足够的燃料去推进他的想象力。

此外，当我们说“描写自己的故事”，并不表示我们就要完全投入，有时那反而容易让我们写出日记，甚至充满情绪的垃圾，而无法创作出结构、逻辑皆备的作品。

所以描绘生命，不是像流水账一样描绘全部，我们还要把握我们要谈的故事重点是什么。好比你可能觉得自己非常不幸，想写一个不幸的故事，但每个不幸的故事，其实都有一个故事核，比如《奥德赛》谈的是命运、《悲惨世界》谈的是自我救赎、《泰坦尼克号》谈的是爱情跨越阶级。

我们要放下过度的贪心，从自认自己的一切都很重要等自恋的迷梦中跳出来，节制地选择主要的、足够在有限的篇幅、有限的能力中操作的生命故事，把它变成一个单独的故事核。就像外科手术割除肿瘤一般，我们能够更好地聚焦于主题。

最后，当我们沉潜到自己的生命深处，我们还是要跳出来，让生命的种种成为作品，而不仅仅是私密的日记，或是发泄情绪的随笔，也不是只有自己才懂的天书。

毕竟只有在这样的节制与实践中，最后产出了完整的作品，我们才能说自己“懂得”写作。

方法

外化对话，是一种把我们的心理困境，或者某段痛苦的经历，加以外化的方法。

外化包括两个作用，一个是“具体”，一个是“聚焦”。通过这两个作用，使我们能够转化出某种叙述的方式，反过来影响我们的心情与心态。

举个常见的例子，一个小女孩摔跤，妈妈可能亲吻她的伤口，然后要她和自己一起对着伤口吹气，说：“把痛痛吹走啦！”

理智上，我们知道痛不可能被“吹走”，但当我们这么做的时候，孩子就得到一种具体的操作，使她面对病痛不会陷入茫然失措的不安中，进而有效地控制她面对痛苦的心情。

在叙事写作的第一阶段，就像我们进行任何写作的项目，我们都需要先对我们写作的内容进行设定。

包括“人物设定”，这是树立角色的阶段，而角色的行动和彼此之间的互动，构成故事整体。

当我们面对自己的伤痛，我们也可以给伤痛命名，也可以重新给事件中的角色命名。

我们可以这么做：

1. 给我们的痛苦命名。

如和某A之间多年的恋情，最后付之一炬，这个痛苦，我们可以取名为“彼得”。每次痛的时候，我们可以说“彼得来了”。

2. 给我们的痛苦加上故事性的描述。

譬如我们可以这么形容：彼得来的时候，就像一阵风，这阵风带来彼得那些张牙舞爪的同伴，苏克（胸闷）和威廉（头痛）。

3. 试着安排这些角色。

譬如我们可以写道：苏克的嚎叫，每每让我无法专注于工作，好像每一次嚎叫都会抽走几升空气中的氧，让我呼吸困难，但大多时候，比起威廉的利牙，他的叫声倒显得温柔了。

4. 试着跟角色对话。

好比我们可以试着跟威廉说：“今天对我是个重要的日子，需要在教室给大家做课堂报告，我恳请你和苏克放我一马，回头我会给你们最好的骨头，让你们饱食一顿。”

5. 试着每天书写一点对他们的描述与对话。

通过故事性的描述，让我们和自己创造的角色熟悉，也等于让我们和自己的痛苦熟悉。当我们和痛苦之间不再那么水火不容，或许就是让他们重新进入我们自身、重新内化的时机。

结语

法国哲学家罗兰·巴特（Roland Barthes）在《符号帝国》（*L'empire des Signes*）中写道："书写正是这么一种行为：在同一个架构之下，结合那些（在单一扁平的表现空间中）无法捕捉在一起的东西。"

叙事治疗的书写，使我们捕捉肉眼不能见的痛，就像捕捉恼人的害虫，成为让我们走出痛苦的一步。

但那不意味着写作就是大杂烩，写作需要发散，更需要收敛。

所以写作比的不是谁的故事多、谁活得久、谁认识的人多，若是如此，那世界上最好的作家可能是一线城市的出租车司机。

写作最终还是需要对自己的生命故事进行有效地整理，当中包括前述的"外化"工夫，使我们对自己的生命故事进行"具体"和"聚焦"，使素材精炼为可读的、感人的文字。

1-4
安慰“看不见的自己”

故事

从前，有一个小男孩，他和其他孩子不一样。

他总是生病，只能看着其他男孩随心所欲地出去玩。

小男孩有一个愿望，就是和其他孩子一样，玩得一身都是泥巴，但他的父母不允许他这么做，他们告诉小男孩：“要想不生病，最好的方法就是待在房间里。”

有次小男孩偷偷跑出去，和附近的孩子一起玩，可是中间他犯了哮喘，把其他孩子都吓坏了。

他自己也吓坏了，更给了父母一个让他好好待在房间里的理由。

小男孩此后再也不提要出去看看的事情，对他来说，外面的天空是窗子外头的一片风景，那片风景属于任何人，只是不属于他。

夜晚，小男孩默默落泪。

月亮透过忘了关上的窗子看见了，派了小仙子过来问小男孩为什么哭泣。

小男孩告诉仙子，他有脚，却不能走，不能去探索这个世界，他为此哭泣，哭泣自己可能一辈子都要待在狭小的房间里。

仙子告诉小男孩，这只是一场噩梦，只要他咳嗽几声，就会从噩梦中醒来。

小男孩咳嗽两声，仙子不见了。

后来小男孩长大了，逐渐不像童年时那样虚弱。

每当他遇到不开心的事情，他就会咳嗽两声。

有人问他是不是感冒了，他说不是，他只是想从噩梦中醒来。

后来他和一位女子坠入爱河，结婚后有了自己的孩子。他的孩子身体不如同龄人好，闷闷不乐地望着窗外，就像当年的他。

于是他把当年仙子告诉他的方法，传给自己的孩子。

心理

咨询师黄锦敦在著作《陪孩子遇见美好的自己》中谈到一个叙事治疗的概念，叫作“故事的丰厚”，他是这么形容的：

> 我们身处在生命故事的旅程里，旅程中有好多扇窗同时存在，每扇窗都透着明亮的光线和美丽的色调……但这些窗里的美景，若只眼望即过，没有好好停留，便只会有惊喜而缺少细节的美丽。若我们能细细品味窗后景致，更能认识窗

里的独特美好。访问就是停留，访问就是探访窗后的美景。

我们说眼睛是“灵魂之窗”，说明眼睛是所有感官中，最重要的一种感官。因为眼睛这种感官，某种程度上建构了我们世界的全部。我们通过眼睛得以认识外在事物，通过眼睛和他人进行交流，并通过眼睛学习知识。

“seeing”除了表示眼睛看见，也有“理解”的意思。好比说我们了解一个人，可以这样说：“I see you.”

这个“看见”不只是看见对方长什么样子、高矮胖瘦，还是指我们能洞见对方的内在本质、对方的灵魂。

因此当我们再谈到我们认识了一个人，当中也包含我们对这个人的感情。

因为灵魂与灵魂的对话，不可能是完全没有情感的，情感是人性的一部分，就像认知行为治疗（CBT）和精神动力治疗，尽管前者看似更偏重理性的作用，后者更偏重情感的力量，但实际上它们都不否定感性与理性的力量。这两种力量在我们的内在翻搅，使我们痛苦不堪。

如果我们特别偏重其中一方，情感或理性，都可能使我们得不到真实的安慰与救赎。

好比在开头的故事里，小男孩的父母为了保护孩子，限制他的行动。这是基于爱孩子的心理，但过分理性的处理方式，反而使孩子在感情面得不到安慰。

当我们试着用写作疗愈自己，我们也不要忘了自己要疗愈的是哪一面。有时我们过分钻研写作的方法，也许真的写出一篇篇逻辑清晰、头头是道的文章，但却得不到我们真正想要的。因为那些文章没有真正安慰到“看不见的自己”。

如果要进一步安慰看不见的自己，我们需要对“自己”有个基本认识。

这里我们需要回溯到人性的定义，回到希腊三哲的人性论。

柏拉图认为人的内在存在矛盾与冲突，他比喻：就像阿波罗拉着的双头马车，一匹马是情感，一匹马是理性。两者的步调和方向往往不一致，使得驾车的人无法完全控制他们，深受其扰。

这个驾车的人，凌驾于两匹马之上，亦即凌驾于情感与理性之上，就是“意志”。

是意志决定我们要听理性或情感的声音，听从天使或恶魔的指引，是意志的每个选择决定我们是什么样的人。

但这并不意味着，只要我们听从理性的声音，我们做的就必定正确。很多时候，是情感使我们更像人，而不是动物。

好比人为他人牺牲，譬如母亲不惜牺牲生命也要保护孩子，或是像特蕾莎修女冒着风险去照顾麻风病人，这些不理性的举动，却令人感动。

所以当我们谈内心的“看见”，背后的理解不只是理解一个道理，而是理解我们做一件事是为了什么。

理解我们的决定背后，彰显我们是一个什么样的人。

然而，某些人把他们心的眼睛遮蔽了起来，有眼无珠地活着。他们貌似看见了一切，却错过了一切。

好比有时我们懦弱，但那不意味着我们不配当个人，可是我们是否能意识到懦弱之外，还有哪些属于我们的特质。我们能否接纳我们人性中的不完美，我们是否只能用某个他人的形象，某个偶像的典型，来确定自己的价值。

这类人的眼睛里只有他人，却没有自己。他们对自己的潜能一点也不好奇，就像已经盖棺论定的死人。

我们又是否只“看见”自己的好，并且忍不住要拿出来炫耀，同时对我们的缺点与弱点视而不见。就像某些长辈，他们把家里表现不如他们心意的孩子，视为自己的耻辱，以至于对外总是夸耀那些表现符合他们预期的孩子。

当他们夸耀某些孩子，同时也正在伤害其他孩子的心。当我们对自己内在的某些部分，刻意地加以隐瞒，我们也在伤自己的心。我们将会感觉自己是糟糕的，不值得被爱的。但实际上，我们很可能只是将普遍的人性弱点过分放大。

我想起意大利电影《美丽人生》，爸爸为了保护孩子不被集中营的恐怖伤害了心灵，他谎称他们是在进行一个游戏，所有的劳役都只是游戏的一部分。

有时候，我们太想扮演一个对别人有益的形象，但我们的好意，却因为过分功利的考虑，反而拉远了我们与那个人的距离。

在开篇的故事中，仙子帮助小男孩化解一个人的寂寞，靠的是说故事。

但故事为什么有那么大的魅力呢？

关键就在于我们对讲故事想要达到的效果有怎样的预期。如《美丽人生》中的父亲，他通过孩子的笑容来确认，自己做的事情到底是不是真的对孩子有益。而不是通过孩子的学习成绩、奖状数量、几岁成家这些客观标准。

这个道理，也能推及伴侣、朋友等关系，包括对待我们自己。

我们身处在自己的生命故事之中，我们探访自己，就像在探访一座美丽的花园，或是一座一望无际的森林，那里充满秘密，也充满惊喜。但很多时候我们选择性地去看自己的内在，以至于我们错过真正认识自己的机会。

治愈自己的机会，往往就在我们对自我内在的种种错过之中。

方法

当我们停留在自己的生命之窗，仔细驻足，我们才有办法累积足够的材料，去使我们的故事丰厚。

当叙事治疗说要用新的故事，取代旧的故事，或者更广泛地说写故事，指的并不是我们刻意地想象出故事。

而是我们通过旧有的故事，赋予新的意义，其中有我们的生活经验，并非无中生有。

旧有的故事、我们的生活经验就像土壤，我们对土壤的认知越清晰，土壤就越是肥沃。当我们把新的故事，作为书写的种子种下去，才有可能培育出丰厚的故事。

要使故事丰厚，我们需要重拾对自我的好奇心，以下几个方式，或许能作为诱发好奇心的开端：

1. 为自己找一面镜子。

很多人都没有真正地端详过自己的长相，身体的每一处。台湾最好的女子中学，北一女中有门美术课，老师会要求学生素描一张自己的阴部。明明是跟自己相处一辈子的器官，我们却一无所知。此刻，或许是好好看看自己的机会。

2. 翻开旧相簿。

重新检视自己的人生经验，从照片中反思我们在拍摄那张照片时处于什么样的人生状态。

3. 做一个“你眼中的我”问卷。

我们可以设计一份问卷，去了解其他人眼中的我们，到底是什么样的一个人。相信我，当你试着这么做，你会惊奇地发现，你可能没有自己想象的那么糟糕，当然也可能会听到一些别人对我们的负面评价。这其中可能有误解，却也可能点出我们的盲点，或是我们错过的生命故事。

结语

亚里士多德曾说过，古往今来人们开始哲理探索，都应起于对自然万物的惊异。

1-5
我没有心，但我想要有

故事

闹钟响了。

海獭先生缓缓张开眼睛，他看着雪白的天花板，上面有一点一点黑色、墨绿色的霉斑。

耳边传来小猫的呜呜声，那是女朋友送的生日礼物。他看着那只猫，叹了一口气。他是喜欢猫，也想养猫，但不是在搬家之后，一身疲惫的第二天。在他只想好好休息的时候，却不得不肩负养猫的工作。

更何况这只猫，是女朋友挑的，而海獭小姐的爸妈并不准她养猫，所以她把猫交给海獭先生，等于把自己想要养猫的喜好，及其中一部分的责任交给他。

海獭先生去上班了，他西装笔挺地站在地铁站台，不由自主地打起瞌睡。

地铁要进站的信号铃响了，他缓缓张开眼睛，看着白色的灯箱，上面有图有字。

想起家里的小猫，海獭先生又叹了一口气。他举起手想拨拨头发，却感觉头皮一阵刺痛，他猛然一看，发现自己一手提着公文包，一手拿着帮猫铲屎的铲子。

“我也好想有人来帮我铲屎啊！”海獭先生想。

心理

北京大学心理系徐凯文教授说现代年轻人有“空心病”。

生活日复一日，时间一直在流动，但这个生活却对我们好像没有太大的意义。我们的心是有感受能力的，却又是空荡荡的。就像我们拥有一只漂亮的杯子，但这个杯子不装任何东西。

我们在生活之中，却不被生活的任何东西所填满。

就像海獭先生，每个早晨都得重新经历一天的空虚感，仿佛今天是空的，明天也是空的。

既然一切都是空的，活着也就失去积极向上的意义，也无须设定特别的目标。

空，某个层面来说等于“从未”拥有。这是一种很深的绝望，就像我们行走在这个世界，有天却发现自己其实是幽灵，根本没有真正活过。

海獭先生没有真正活过，他渴望着与他人、与生活产生连结，使自己能够确信自己是“活着的”。

想想，把自己茧居在房子里不出门的“尼特族”，或是不想生孩子，甚至不想做爱的“草食族”，是不是也因为缺乏生活实感，了无生趣下，才被迫选择无欲无求的生活呢？

这种空心的感觉，是否意味着我们的生活毫无值得欣赏之处？

其实，生活细节无穷，我们得用心去观察，方能看见当中的美丽。

如美国侦探小说作家雷蒙·钱德勒在《简单的谋杀艺术》（*The Simple Art of Murder*）一书中写道：

> 蹩脚作家不诚实，但自己并不会意识到这一点。比较好的作家可能不诚实，因为他不知道在什么事情上应该诚实。他以为一个复杂的谋杀案能使懒惰的读者迷惑，也一定能使警方迷惑。他以为懒惰的读者不会去一一详记细节，殊不知警方的本职工作却是不放过细节。

生命书写，就是让我们对自己的生活负起责任，我们像是一个真心想要破案的警探，去把握生活中的所有细节，而不是像懒惰的读者，对自己的生活抱持一无所知也无所谓的消极态度。

有部电影叫《奇幻人生》（*Stranger than Fiction*），电影描述的就是这样一个故事。

哈洛德是个国税局的审计员，每天过着日复一日、平淡的生活。

直到有一天，他发现耳畔经常出现某位女士的话语声。

那个女士是一位作家，一旦她构思新书中的人物，哈洛德的生活就会受到影响。好比女作家写工人来拆房子，结果哈洛德的家就真的被工人给拆了。

生活突如其来地失控令哈洛德惶恐不安，当他知道女作家预设的结局是主角会死亡时，哈洛德不得不重新审视自己一成不变的生活，到底是一种快乐，还是一种逃避。

叙事取向家族治疗师摩根（Alice Morgan）在《从故事到疗愈：叙事治疗入门》（*What is Narrative Therapy? An Easy-to-read Introduction*）一书中谈到，面对内心的孤独感，仿佛内心会有许多声音，这些声音会提出各种质疑，质疑我们活得没有价值，活得一无是处。

然后我们会觉得生活过得很糟，就像感觉不到自己的存在，生活好像机器，今天没有希望，明天也没有希望。

这时我们需要对自己的内心进行“赋能”（empowering），通过外化的方式探究这些声音的影响，使我们逐渐厘清这些声音，继而接受这些声音，好使我们走出孤独。

赋能，简言之就是“赋予能力”，进一步说是“赋予自己能力”。就像当我们饥饿的时候，我们给自己食物，把自己喂饱。

当我们的心灵空虚，当我们孤单寂寞，当我们渴望被温暖与关爱，我们通过自身的力量，好比书写的力量，让自己获得奋起的能量。

而这个赋予自身能量的写作，有两个意图，一个是“厘清”，一个是“接受”。

对外，厘清哪些事情带给我们心理上的影响。我们会发现对于生活的环境，我们其实一无所知，点对点的生活，让我们丢失了连成那条线的中间发生的故事。

这使我们并没有真正融入生活的环境，也就得不到环境中潜藏的能量。

对内，厘清我们自己的思绪。这种厘清是一种聆听，过去这种聆听可能是咨询师的责任，但当我们开始书写，我们就把这个聆听的工作留给了自己。

比起咨询，自我对话的私密性更强，且不受咨询师的工作时间和地点限制。

当我们感觉自己的心空了，这种厘清就是一种填满的过程。通过了解问题背后的原因，我们逐渐把对自己、对他人、对生活中种种喜怒哀乐的前因后果，置放在心中。

这也引出另一个重要的功课，就是“接受”。

接受我们是这个样子，独一无二。接受生命中的种种影响，那些我们无法企及的理想，以及我们是怎么跟这些生活的愿景发生关系的。

进而我们去寻求和自己、和生活和解的切入点。

方法

在《奇幻人生》中，我们是被书写的审计员，还是有权力改变他人人生的作家？当我们以为自己就是审计员，认为自己对改变人生无能为力，那么我们就会继续落入相同的处境。

通过书写，我们可能会发现生活的细节中，藏着各种值得我们去发现的事件。

这些事件使我们看见生活有不一样的可能，生命能开出不同的花，进而使我们不再受困于空心的孤独感，我们开始用细节去填满自己。

这种对细节的感受，我们可以这么应用于书写：

给自己设定一场旅行

我们可以做一次简单的旅行，这个旅行要满足以下几个条件：

1. 尽可能徒步，不要依赖高速移动的交通工具。

2. 在出发前进行规划，可能是从住处到离家两公里外的公园。然后我们事先查好路线，避免一直使用手机。

3. 我们可以带着手机出门，但我更建议准备一台相机。当我们对某个场景有强烈的感受，我们可以把场景拍下来。

4. 若是迷路，我们可以向路上遇见的人问路。我们跟人保持最多的互动，而不是跟机器。

完成旅行后，我们回家开始写游记，游记可以写在记事本中，或是输入电脑，主要写下：

1. 手绘路线图。这个路线来自我们这一路的感受，你可以通过绘图去回想走过的路，遇见的大小事。

2. 图文记录。把拍到的图片，还有旅途的经历，按照顺序标号，写下我们的所见所闻。

3. 遇见的人。旅途中我们遇见了谁，在什么样的情况下和什么样的人展开了对话。如果有可能，你们可以合影留念。

4. 感受。对于此次旅行，你有什么感受。

我们可以一点一点地规划这样的旅程，通过这样的方式深刻了解我们的生活环境，这使我们得以和生活重新展开联系。

这个方式可以放大和缩小，大至从上海徒步到西藏，小至从书桌到厕所。

结语

写下心中的万卷书，感受行走过的万里路，进而便能感受到生命是充实的，我们并非完全孑然而孤独。

1-6
唤回内心的孩子

故事

沃德是班上个子最矮、跑得最慢的孩子。

每次体育课跑步，他都掉队，每当女生超过他，在旁边休息的男同学都会用嘲讽的语气对他说：“沃德小姐，你快追不上公交车啦！”

圣诞节前夕，沃德跟圣诞老人祈求能够得到一个让自己跑快一点的礼物。

第二天，他打开袜子，发现里面有一块手表。

这块手表有神奇的力量，能够调控周围人们的效率，让人们的动作变快，或是变慢，慢到就像静止了一样。

有了手表，沃德通过让其他人变慢，使自己更容易跟上每个人的脚步，甚至超越他们。在别人眼中，沃德就像变快了，而且快得多。

沃德甚至因此成为田径队的一员，即将代表学校参加短跑比赛。加入田径队后，他也没怎么练习，心想反正有这块手表，他能赢过任何人。

然而，比赛前一刻，沃德发现手表没电了，这意味着他将在比赛中暴露自己真正的实力。

他从来没有真正锻炼过自己，让自己变快。他只是通过让别人变慢，造成自己变快的假象，就像是一个巨大的谎言。

沃德很紧张，从床上惊醒。

“原来是一场梦。”沃德摸着身上被冷汗湿透的衣服，重新对圣诞老人许了愿：“请给我一双跑步鞋，让我好好锻炼自己。”

心理

心理学家荣格有个经典案例：

一位少女相信自己来自月球，因此她不断地表现出想要回到月球的期望。一般的心理医生都试图让她理解，她认为自己来自月球的想法是错的，想让她“清醒”过来，却一直失败。

荣格面对少女，采取了不同的方式，他没有试着说服少女，她的想法是不对的，而是顺着她的想法，让她理解尽管自己来自月球，但地球生活也不错，何不好好留下来。

最后少女接受了荣格的建议，解除了心理的困境。

当我们感觉生活困顿、需要依靠，或者内心有股渴望实现、却怀疑自己无法实现的欲望。这时我们可能会看见一块浮木，我们就不由自主地抓着它，紧抱它，好似这块浮木比我们自己还重要。

某些阅读、写作的课程，就是在贩卖这种浮木一般的需求，实际上这块木头可能只是随手“捡”来的。它根本不奇特，但销售的人说得很奇特，以至于有些人买了一个，又买了另外一个。但无论我们换了多少块这样的木头，都无法在人生的洪流中安定下来。

就像前面故事中的沃德，他真正需要的是一块能跑得很快的手表吗？

如果我们仔细聆听他的心声，他更想要的，其实不是手表，更不是跑得快，而是不要被嘲笑，是渴望被伙伴认同、被异性接纳。更进一步说，是获得足够的自信，维护自尊。

因此当我在这里谈写作，你先别急着写，因为写只是写作的最后一步。

从叙事治疗的角度，写作是一种沟通，而不只是输出。

叙事治疗，不是从书写开始，也不是从表达开始。

这不是应试教育的作文课，你一定要听老师的建议，抄抄范文，然后逼着自己交作业。

叙事治疗就像其他的咨询方法，以符合人性为开端，好让我们更加舒适地去和自己相处。在这个和自己舒适相处的过程中，我们才更容易对自己敞开心灵，去聆听自己。

所有的表达，都始于聆听，就像一个人的成长过程。我们逐渐打开所有感官，去辨识环境中的声音，并从中解读出意义。

以听觉为例，任职于英国莱斯特大学（University of Leicester）健康科学院的奥克勒福特（Elizabeth Ockleford）指出，早在我们还是婴儿时就拥有了聆听的能力。

多早呢？研究显示，常人的听觉系统基本在胎龄三十周、预产期前十周开始具有功能。

另外以嗅觉为例，1976 年罗素博士通过实验证明，出生六天的婴儿就能分辨带有母亲味道的垫子和没有母亲味道的陌生垫子。婴儿会对前者产生吮吸反应，对后者非但没有吮吸反应，甚至会哭闹。

聆听是生物生存的本能，是我们与他人产生连结的方式。

当我们说“听见”，这个“见”类似英文的“see”，包含“理解”“体会”的意思。你想想，如果今天你对经常晚归的伴侣，表达希望他早点回家的愿望，他光听到你的话语，却没有真正理解你的期望、你的痛苦、你对他的爱，那么这算听见吗？

因此，知觉的“见”不等于大脑的“懂”，更不等于心理的“领悟”。

就像我们聆听不熟悉的外文，我们无法理解这些声音的含义，当我们逐渐理解当中的一些字义，逐渐从有限的理解展开，我们认识更多，直至“听懂”对方口语中的陈述。

在这个过程中，我们自然而然地学会“指称”，也就是对于我们所认识的事物，进行表达。

从具体到抽象，就像当爸妈教会我们“苹果是什么”，我们不仅仅是听懂了，还能够指出苹果是什么，苹果在哪里，并且能够吃苹果，发挥苹果的作用。

这样还不够，我们还会对苹果产生主观的认知。当我们告诉爸妈，我们喜欢或是不喜欢吃苹果，就是在表达我们对于苹果的主观感受。基本到这个阶段，才能准确地说，我们认识了苹果。

叙事治疗要做的第一件事，不需要我们急躁地提笔书写，而是先训练自己聆听的能力。

这种训练始于“唤回”，让我们重新像孩子一样去听。

好比沃德一开始并不清楚自己到底要的是什么，当他在梦中获得一块神奇的手表，让自己跑得很快，获得赞赏，他以为这就是他要的。

但当他失去这项能力，他发现自己陷入更深的恐惧。

手表非但没能救赎他，反而随时可能让他因此用更厚实的面具，伪装自己，欺骗自己，远离真我。这一点上，手表非但不是宝物，反而带有诅咒。

所以当我们开始学习叙事治疗中的写作法，不要着急去书写，尤其当我们没有方向，刻意要自己去写，就像老师给学生留作业，往往在压力之下，我们更容易脑袋一片空白。

或者反过来，更容易陷入欲望，受到表层的恐惧、不安或其他骚动的情绪驱使，我们写不出真实的自己，写得越多，可能越迷失。试想，有多少生活正是如此身不由己，若原本想通过写作进行自我疗愈，那么在写作中迷失，岂不是对自己落井下石，徒增痛苦。

要解开这个困境，我们要学习打开我们的所有感官，面向我们的环境。

方法

我记得曾经有人问我，有没有写作欠缺灵感的时候。

这情况确实有，但基本不会影响我的产出，只要平常累积的素材够多，顶多写起来少了灵气，但不会失去内容。

同理，如果充分利用我们的感官，作为我们累积信息的来源，我们就更容易从信息中，捕捉到我们能加以描述、表达的内容。

因此写作不是爆发性的，或者像电影里面戏剧性的场面。

尤其是叙事治疗作为一种以生命为蓝本的书写，所有的内容都在我们的生活中，有待我们平时多囤积，以及再利用。

我们平时可以这么练习：

1. 随身准备能放进口袋的小笔记本和笔。

尽管手机也有笔记的功能，但手机之外，笔尖与纸张的接触，会强化我们记录的感受。此外，随身带着笔记，我们想要记录时能方便记录，逐渐累积起习惯。

2. 从平静开始。

不要急着写，而是先让自己平静下来。挑好位子，闭上眼做几个深呼吸，当你感觉呼吸顺畅了，内心平静了，开始感觉握着笔的手、纸张的凹凸不平，然后我们开始望向四周。

3. 从心底速写开始。

正如学习作文，往往是从记叙文开始；也像画画，从素描开始。我们可以找个坐起来舒服的地方，咖啡厅或是公园，然后试着描述我们看见的画面，试着把看到的细节在心底用“心声”的方式，在心里诉说。这时不要过多评价，而是描述我们看见的直接内容，譬如“这个人穿了一条蓝色的裙子”，而不是“这个人穿这件裙子真丑”。往往就是那些过早出现的评价，使我们断绝了对一件事物的感受。

4. 写重点。

当我们很习惯地听见自己的心声，这时我们可以拿出笔记本，但不要让自己过分专注于书写，那会使我们从好不容易建立的感受上转移出去。我们只要写重点，好比某个画面或对象。

5. 无法描述的，我们画图。

当我们一时不知道该怎么描述，我们可以画个圈或长方形，保持书写的节奏。

6. 放下感受的念头，回归平静。

当我们又开始烦躁、不安或难以专注，放下感受的念头，回到平静的阶段。

结语

认知心理学家布鲁纳（Jerome Seymour Bruner）曾说过：“生活经验比论述的内容丰富，总有一些感受和经验是故事永远涵盖不了的。”

1-7
对生活感到麻木怎么办？

故事

小山住在北京，有个上海网友AA，他们约好要在暑假相见。

他们没有看过对方的长相，也没有听过对方的声音，一直靠文字在沟通。

小山白天在7-11打工，晚上在补习学校上课。他是个异常敏感的人，旁边有人吧唧嘴就无法吃饭，一定要静静地一个人吃。

外出时，他的招牌打扮就是戴着帽子和口罩，好像生怕自己的脸被任何人看见。去银行办事，经常引起保安的注意。

他很想见AA，因为AA某些方面跟他很像，喜欢低调，基本过着一个人的生活。

他们固定在午夜两点到三点互发微信，AA是个很守规律的人，最晚到三点半，就会提议为了不影响第二天的工作，必须关机睡觉。

约定好的日期到了，两人相约在第三地见面，小山飞到了台北，要和AA见面。

那天刚好碰上台风，台北大停电，手机网络和Wi-Fi暂时不通。

约定的时间到了，小山想要跟AA联系，但他不知道AA在哪里。

奇妙的是，他并不着急。

心理

如何才能活得有意义

如1-5提到的，北大徐凯文教授将青年“对人生迷茫，不知道生活意义”的心理状态，称之为“空心病”。

就空心病的内涵来说，并不是新玩意儿。哲学一直在讨论这个问题，从消极角度看就是“人为什么空虚”，从积极角度来说则是“如何才能活得有意义”。

比如对苏格拉底来说，生命的意义是做一个有德的人。

对伊壁鸠鲁来说，生命是追求灵魂的平静。

到近代，对人生的迷茫与无意义探讨最多的、比较为人熟知的是存在主义思潮，存在主义思潮中又以丹麦哲学家克尔凯郭尔（Soren Kierkegaard）探讨最多，在《恐惧与战栗》《致死的疾病》

等著作中，他和海德格尔、萨特遥相呼应，看见了人心灵上的痛苦，来自发自内心的空虚、寂寞、恐惧、不安等种种对自我存在的不确定。

当我们看自己，我们就像在看一个3D投影的影像，乍看认得清模样，仔细看又觉得好像透明，根本不存在。

庸庸碌碌一生，爱过、恨过、追求过、放弃过，但又有什么能够让我们感觉自己真的活过？

这时，“绝望感”就会产生，成为推动一个人走向黑暗深渊，甚至走上绝路的力量。

忧、畏、空等概念，对佛教文化认知很深的华人并不陌生，所谓“众生皆苦”，而我们正是众生，众生正是我们。

那么该怎么面对焦虑呢？

克尔凯郭尔提出要学会“放下自己”。因为焦虑是人的本性之一，我们想要推开焦虑，同时却又在焦虑中见证了自己的人性，所以，我们不可能离开焦虑。

但放下自己，不是放下一切，而是将自己敞开。

类似王家卫电影《一代宗师》中的概念：“见自己，见天地，见众生。”

进而，要想和自己相处，就要放下对“我”的执念，比如什么都要以我为优先，或者讲求我的感受大于任何人的感受，那么就离不开自己内在的焦虑。

敞开，是一种同理心的展现：我很苦，但别人也很苦，那么我们是否愿意互相帮助，和谐共存，化解寂寞、空虚与恐惧不安，成为彼此心灵的伴侣。

然而，有些人忽视了克尔凯郭尔谈到的正面意义，而是从消极面着手，将自己的焦虑与不安丢给另外一个人，让自己逍遥快活。

这并非真正放下自我，反而是极度以自我为中心的状态，那么当别人都不愿意承担，放弃与这个人的连结，他发现自己被彻底地抛弃时，更容易走入无法回头的绝望之中。

“适应力”——心灵面对创伤的自我保护机制

有了前述源于哲学的心理探索，我们能够更好地去看开头的故事，小山和AA两个人之间，虽然有了许多接触，但他们并没有产生真正的连结。

缺乏互相见面的激情与悸动，但这能怪他们吗？

这其实是现代常见的一种现象，生活的压力通过刻意制造焦虑的媒体，让人们提早被绝望感压垮。

既然人生已然绝望，那么还有什么好追求的？

在这种情况下，人与人之间的连结不再被赋予彼此共筑幸福的意义，反而有许多人厌倦与他人之间有所连结，因为可能得到的不是互助，而是对方传染过来的焦虑、不安等负面感受。

然而，我们光是处理自己的负面感受，对未来迷茫等等焦虑感，就已经应接不暇。

当小山到了约定的地点，等待AA出现，实际上他的内心不期不待。

这种孤独的状态，是一种自我防卫，但也是一种逃避。

这种逃避，我们可以回想生活中一个常见的经验，比如我们和朋友约在某个咖啡馆见面，刚开始进去觉得人声嘈杂，过了一段时间，我们几乎可以忽略他人说话的声音。

实际上并不是因为周围的声音变弱了，而是出现了“白噪音”的遮蔽效应。

大脑会自动过滤稳定的声音，所以办公室的空调声、外头的雨声，在某种程度内，即使很大，我们也会不经意地忽略。这时，相对来说音量比较小、比较突兀的声音，却可能对我们产生干扰。

白噪音，是一种人体自我保护机制，否则我们可能无时无刻被各种噪音影响，导致我们无法专注于眼前的事，或保持放松。

人耳的过滤机制，和心理创伤的现象有点类似。

美国波士顿大学医学院精神科教授范德考克（Bessel van der Kolk）在心理创伤的研究中，指出一种创伤的现象叫“发展性创伤障碍”（Developmental Trauma Disorder）。

这个诊断主要针对儿童，这类儿童往往有三项规律的特征：

1. 持续的行为失调。

2. 有注意力和专注力问题。

3. 难以与自我或他人相处。

这些孩子普遍有情绪管理的问题，他们经常处于不安的状态，却无法自我安慰，也不知道该怎么描述这些感觉。

这种情况并非某个突发事件的影响，而是长期遭受成人各种心理暴力的结果，这些暴力包括“冷暴力”，好比忽视、遗弃、隔离等等使他们孤独，或减损自我价值感与存在感的虐待。

面对环境中的不友善，他们似乎已经习以为常，但实际上心理上的创伤不断在累积，压力不断在升高，就像温水煮青蛙，使人逐渐丧失正常的心智功能。

我们的心灵也有面对创伤的自我保护机制，就是“适应力”。但有时我们很难判断，我们到底在适应，还是处在一种不断在累积伤害的痛苦中。

通过书写，将问题外化

为什么要采取书写的方式进行治疗？

道理就在于我们试着以书写这种表达的方式，来帮助我们将内在心灵在成长过程中，因为各种风吹雨打而造成的伤痕，变成我们更容易用肉眼就能感应的事物。

对此，我们称之为“问题的外化”（externalizing the problem）。

举个简单的例子，杨德昌的电影《一一》中，有个小男孩，他的爸爸送了他一台照相机。小男孩带着相机到处拍，有天爸爸想看看他到底拍了什么，就把相机的胶卷洗出来。洗出来一看，发现孩子拍了一堆人的后脑勺，他不明白孩子的用意，问孩子：“为什么要拍别人的后脑勺？”

孩子回答：“因为人看不到自己的后脑勺，所以我拍下来给他们看。”

书写的意义，就像用相机拍我们看不到的盲点，让我们更清楚地了解自己，这不单单是一种看，还是一种探索，探索我们生命的脉络。

脉络有很多重意义，就像摄影的相片有彩色、有黑白，那些色块拼凑在一起，形成某个我们无法忘怀的片刻。

有时我们内心不快乐的原因，就藏在那个片刻。那个我们自以为已经遗忘的片刻、我们以为不存在的片刻、我们曾经试图想要知道却忽略的片刻、我们有眼无珠，以至于没发现的片刻，以及我们因为内心的防卫机制，使我们假装忽略的片刻。

书写使这些片刻成为一个可以被拿来讨论的东西。

不然我们可能就会陷入小山的状态，看起来好像总是很快乐，而其实是他将自己的感受遮蔽，对人与人之间的连结没有期望，对生活没有激情，也无所谓生活的意义。这其实是一种深度的绝望，把自己的内心与外在的一切都加以隔离。

进而，书写就像我们愿意面对内心的种种焦虑、不安，“讨论”（言说）我们该怎么应对，通过这种形式卸下生活对我们内心施加的重担。

当一个事物变成“可讨论的”，或许会因此带来一些创伤的经验，但也使我们能够面对问题，具体思考该怎么做。

这个目的不是自我折磨，而是自我疗愈。

书写可以为我们戴上心灵的滤镜，在一个相对安全的环境下，我们从模糊到细腻，逐步按照适合我们的脚步，踏上重建破碎心灵的道路。

方法

《叙事疗法实践地图》是叙事治疗大师麦克·怀特的经典之作，此书的西班牙文翻译者波兰科（Marcela Polanco）谈到翻译此书的经验，表示发生了“诗意的共鸣”，她解释道：

“生命在词汇当中重新活了起来，活在当下，而不是之前或之后。当我翻译一个故事时，好像我身在其中。故事发生在以前，现在用于述说的时间感一点也不重要。”

这里说的诗意，就是经过阅读，将书写里头的白噪音去除，使我们重新感受到曾经发生的一切细节。

这个诗化的过程，也是一个过滤与还原的过程，是在书写之前必须经历的步骤。我们可以通过下述的练习，熟悉这个过程，以此提高我们书写的能力：

1. 设定一个感兴趣的主题。譬如今天我有意想要处理“关于前任给我的伤痛”，跟他相关的词汇可能是“大学”“青春”“异地”等，把这些主题写下来。

2. 按照设定的词汇，找出一个相关主题的电影，可以利用豆瓣、IMDb（互联网电影资料库）等方式。

3. 正常播放这部电影。

4. 写一个简单的心得，记录一下想法和感受。

5. 过一段时间，我们重新看这部电影，这次我们把声音关掉。

6. 试着写下这次体验和之前观影的经验相比，有什么感受上的差异，是否又刺激我们想起了什么。

7. 写一个简单的心得，记录一下想法和感受。

8. 过一段时间，我们重新开启这部电影，这次我们不看画面，只听声音。

9. 试着写下这次体验和之前观影的经验相比，有什么感受上的差异，是否又刺激我们想起了什么。

10. 过一段时间，回想一下最开始要处理的事件，再次记录我们的感受。

结语

白噪音是增加，而不是减少。任何一种自我防卫机制，都有它的限制，目的不是减少伤害，而是使我们休养生息，变被动为主动，把伤疤变成象征新生的刺青。

1-8
对世界诚实，对自己诚实

故事

老张那位还在读初中的女儿满满怀孕了，因为跟满满发生过关系的人实在太多，所以在把孩子生下来验DNA，并且“嫌疑人们”愿意接受检验之前，“孩子的爸爸是谁”始终是个悬案。

自从老张得知女儿怀孕的消息，他整个人变得很消沉，不再是过去那个谈笑风生，只要谈起中国足球，就能立马激情万分的中年大叔。几天内，他老了很多，任谁看都像是一个老人。

有时老张会喃喃自语，抱着女儿童年时的衣服，自问自答，想找出女儿变成今天这副模样的答案。

老张希望女儿堕胎，但是女儿坚决不肯。

“这是我的孩子，也是你的孙子。”满满的话说得斩钉截铁，有一种“要孩子，不要亲爹”的决绝。

这天，门铃响起，老张开门一看，是前妻。

“你怎么教孩子的？”前妻一进门，劈头就对老张咒骂一顿。老张任由前妻骂，就像他没有什么权益要维护。就像当初前妻离婚的时候一样，他让前妻拿走所有她想拿走的东西。

“我错了还不行！”老张终于忍受不了前妻的指责，怒吼还击。

前妻眼泪汪汪，貌似很委屈的样子。

老张觉得自己才委屈，最大的委屈，在于他不知道自己的委屈能跟谁诉说。

“好似所有人都要离开家了。”老张万念俱灰地想。

带着“没有明天”的心情，老张吞了药，躺在床上，闭上眼睛。

心理

心理无分内外

本文是第一章的最后一节。

回顾本章前言所提到的“向外觉察”，实际上，向外觉察的目的，本身也是向内的觉察。

比如本节开头故事里的老张，他内心的痛苦一方面来自外在，包括女儿的未婚怀孕，以及前妻登门拜访。同时伤痛也来自内在，作为父亲的自责，以及和前妻之间可能尚未清理干净的心结。

老张对外的认知和对内的认知，在女儿和妻子的夹攻下，濒临崩溃。

好比对女儿未婚怀孕的愤怒，也包括对自己作为父亲是否尽责，以及对女儿怜惜、疼爱、恶心、愤怒、难过等多种自我内在的情绪，心中那个完美的小女儿形象彻底崩塌了。他对眼前这位女儿，以及心中女儿的“印象”没办法结合在一起。

换言之，老张的内外觉察不一致，宛如客观世界与他的主观认知是两回事。

内外觉察的“一致性”，使我们保持对自身及对外的认识，两者之间不至于产生落差，造成心理压力。

好比如果我们一味地认定世界没有坏人，那么当我们受害，我们就会产生内心的冲突与矛盾，有“受伤”的感觉。

因此，“探究自我”，是心理学的开端。

向外觉察，则是一个人从出生开始累积认识能力、建构自我人格的开端。

早期的研究着重在普遍的人性，后来心理学家渐渐发现，聚焦在普遍人性，和对个别人进行观察，总是会出现一些例外的情况。某个程度来说，心理咨询所呈现的，是一种概率的科学。

好比我们可以通过实验，了解人们对某种事物的偏好，但我们只能证明“多数人”或“某个比例”的人会在X情况下，采取Y举动，但我们无法因此说所有人都会这么做。

早期的心理咨询，好比精神分析，始终饱受伪科学的责难。因为当中有太多的推论，譬如“原生家庭”推论，这个推论并不能适用于所有人，甚至有时反过来成为某些人推卸责任，掩盖真正原因的借口。

当我们在进行叙事治疗的书写时，也会有这样的问题，我们书写的到底是我们企盼的，还是我们真实的人生经历认知。当然，无论是未曾发生的企盼，或是已有的人生经历，这都无妨，重要的是对于已发生与未发生的画面，我们的感受是什么，我们的认知是什么。

区分心内、心外，是自我分裂的手段

写下客观的事实，那是新闻报道；写下对事实，或非事实的主观感受、臆测，那是纪实文学。

失恋让人痛苦，那是新闻报道；失恋让我痛苦，那是纪实文学。

叙事治疗要做的，就是让新闻报道与纪实文学两种形式的认知，得到一定程度的统一。

因为当一个人沉浸在新闻报道式的思想中，他与自我内在的感受是隔离的，就像一个过分理智的人，他并非真正理智，而是避开理智无法处理的情感性问题。

相反地，当一个人沉浸在无止境的情感洪流中，他就无法客观地去体察外在世界的真实，包括他个人置身于真实世界的定位。他可能会认为全世界都与他为敌，可实际上并非如此。

以温尼科特为例，他提出“镜像阶段”理论，把过去我们对于自我认知的理解，转了一个弯。他发现婴儿很有可能无法区分自我与他者之间的差异，使得他将他者的表现，视为自身的表现。

有时，婴儿感觉眼前这个人，确实成为自己的延伸，就像一位称职的母亲，她能够体察到婴儿的感受，去响应他的感受。

但有时，婴儿感觉眼前这个人，和自己内心的需求与期望相抵触。这使婴儿感到恐慌，这种恐慌也许不是害怕失去爱，而是害怕失去自身。

这种感受近似一个人得了“亨廷顿舞蹈症”（Huntington's disease），他悲哀地发现自己没有办法控制肢体的活动，大脑和四肢分离了，就像被鬼附身。

当我们得不到想要的回应，我们就会恐慌。这种恐慌从小到大都可能存在，因为有时成人过多地扮演镜子的角色，使孩子在镜中看见的已经不是真实的自我，而是父母戏剧表演的自我。

譬如有的父母，他总是让孩子以为自己聪明过人。致使孩子忽略了努力的重要，如心理学实验告诉我们的，当一个人以为自己的成功乃是因为“聪明”，那么他就会避免自己变得不聪明。所以当他面对难题，他可能选择逃避，好避免努力后的失败，被他人发现自己其实没那么聪明。

反之，如果一个孩子从小从父母身上得到的成功秘诀是“努力”，孩子就会将努力视为成功的必要条件，将努力化为自己实现目标的动力。

分裂的自我，无可避免地走入永恒的孤独

叙事中，如果刻意说谎以使自身的经历成为小说，那么人生

的意义很容易沦为虚构的自言自语。

因为你已经是一个人在书写了，已经没有人在观照你所书写的内容，除非你想要拿给别人看。

但吊诡之处在于，许多人口口声声害怕别人看自己的日记，但实际上又很希望有人能看到，尤其是看到自己最黑暗与脆弱的一面，并且希望世界上能有一个接纳这份黑暗与脆弱的人。

可是往往人们对于呈现黑暗与脆弱之后被鄙视、被抛弃的恐惧，会大于对呈现真实自我被他人所接纳的期待。

所以被包容与接纳的愿望，始终无法实现。

进而自恋发挥了充分的力量，让我们为自己找到一个借口，迂迂回回地转移我们对包容与接纳的需要。

结果就是，人变得越来越难区分自己和他人之间的差距。

拿抽烟这件事来说，有的人对于抽烟，不分青红皂白就说抽烟的人难看。

实际上，很多事情都有正反两面，或者多面，就像苍蝇的复眼。这个世界上，有些人抽烟的姿态格外好看，只是很不凑巧，那个抽烟好看的人不是你。

回到老张的故事，他能做的努力，不是改变女儿，使女儿成为他心中认定的好女儿；也不是放弃对女儿的教养，脱离关系；而是试着让自己对女儿的认知，和女儿真实的面貌重归一致。

在现实中，这种一致是每个人都需要的。对外不一致使我们活在虚假的世界里，容易在生活中做出错误的判断，比如把渣男视为良伴。或者在一个受压迫的体系中持续损失权益，却不自知。

对内的不一致，会使我们看不见自己的优势，或是把生命的过去、现在与未来割裂开来。比如有些人老提当年勇，用以逃避现实，那么他可能就看不见眼前的机会，以及眼前的自己到底该如何抓住机会。

总的来说，叙事治疗的书写，最主要的脉络是“诚实”：对世界诚实，对自己诚实。

当世界对我们不诚实，我们去探求真相；当我们对自己不诚实，我们去反求诸己。

第一章　总结

心理咨询常常谈包容和接纳，到底什么是包容和接纳呢？

我想就是不要幻想自己抽烟比别人好看，也不要假设别人抽烟都不好看，仅此而已。

那么如果我们想要包容自己、接纳自己，无论我们写的事实是什么，感受是什么。我们首先要避免去批判自己，然后我们才有可能更欢愉地将自我敞开。

这时，即使别人眼中我们抽烟的姿态丑陋，也无碍于我们找出自身美丽的角度。

第二章

为什么我总是觉得别人比我好？

我们的人生，有点像是在完成一本自传。

这本自传能够代表我们，让别人理解我们是什么样的人，干成哪些事，让我们的后人，得知他们传承的是什么精神。

更重要的是，我们怎么了解自己，了解多少。

很多时候，我们并没有真正进入自己的生命，也没有发挥出自己全部的潜能。在生活中，我们一天接着一天，任凭时光流逝。

2-1
楔子：走出“假性随和”的人生困境

前言：向内观照

全书第二章（2-1 到 2-8）主要谈的，就是从外感官深化到内感官，对我们因为文化或生活习惯固化的内感官心理活动，进行重新解构。

因为往往是旧有的判断，使我们深陷在过去的错误中，或是继续重复犯同样的错误。

解构之后，本部分也是为了接下来重新建构更有弹性、更多元、更完整的思维做好准备。

在重新调整外感官的认知习惯后，进而我们深化到内感官的部分。

内感官从哲学认识论的角度来说，包括综合、想象、记忆、利害四个向度，也就是综合能力。

好比我们对于一件事情的通盘了解，就需要我们能够从多个角度、多方思考，做出更完整的判断；想象能力使我们在有限的信息下，进行推理，以及创造性的建构；记忆，关系到我们如何去看待，以及处理我们的感官所得到的一切经验；利害，指的是我们对于判断利害关系的能力，用现代的说法，我们随时都在进行各种选择的博弈。

故事

刺猬妈妈结婚后，开始家庭主妇的生活。

她每天早上六点起床，帮先生、两个孩子准备早饭，送他们出门。

家人离开后，刺猬妈妈开始打扫卫生，从厨房开始，把碗盘洗好，擦拭料理台。

接着从孩子的卧室开始，把散乱一地的玩具归位。然后是自己和先生的卧室。

碰上天气好的日子，除了洗衣服，刺猬妈妈会把被褥都放进洗衣机，清洗后晒在外头。

她的身子娇小，把被褥拿出来，挂上晾衣竿常让她累得气喘吁吁，踩在板凳上摇摇晃晃，有一次还差点跌倒。

洗衣机运作的同时，刺猬妈妈拿着吸尘器，在屋内各处清扫。每次清扫都会发现许多宝物，孩子的交通卡、硬币或是小别针，中间家里养的宠物皮皮还不时来捣乱，要刺猬妈妈陪它玩。

完成清扫工作，刺猬妈妈会在沙发上休息一会儿，然后出门去买菜，准备晚餐。

刺猬妈妈常常想："要是我有自己的时间就好了。"

有一天，刺猬爸爸告诉她，自己已经不爱她了。在一起十几年后，他们离了婚，刺猬爸爸带着孩子离开了家。

刺猬妈妈一个人住，不需要打扫卫生、喂狗、洗衣和买菜。日子全部都属于她一个人。

她睡醒，坐在床边，却不知道这一天该做什么，该往哪里去。

心理

你是否曾经感觉，自己每天都过得很充实，却同时觉得生活很空虚。

这听起来好像很矛盾，我们仔细想想，充实指的就是把生活的每个时间都占满吗？

二战时期，德国纳粹将犹太人送进集中营，集中营的犯人们夜以继日地工作，几乎没有休息的时间，这是充实吗？

诺贝尔文学奖得主赫曼·赫塞有本书叫《车轮下》（*Unterm Rad*），这本书的主角叫汉斯。

汉斯是个大人眼中的好学生，学校的老师要他努力读书，他就努力读书。爸爸希望他通过联邦考试，他全力以赴通过考试。在大人的殷殷企盼下，他成为神学院的公费生。

在学校，他认识了赫曼，赫曼告诉他生活不那么努力也没关系，不优秀也没关系，这给汉斯带来很大的震撼。

汉斯过去一直服从大人的要求在努力，但赫曼让他理解生命有不一样的活法，这个不一样就是遵从自己的心，聆听自己的声音。

故事开头的刺猬妈妈，在众人眼里她过得很充实，但这个充实是被家人的生活给塞满的。

就像一个机器人，她的心中只有被设定的功能，这个功能就是为其他人服务。

这就是为什么，有些人乍看为了工作，或者某些生活事务忙碌。大家眼里，他是个大忙人，他却感受不到努力带来的快乐。

比如一个喜欢读书的人，他会读得欲罢不能。

但对某些人来说，读书是为别人读，可能为老师，为爸妈。所以付出的时间再多，那都是为别人，而不是为自己。反而那些瞬间，让属于自己的时间都流逝了。

另一方面，当我们活在别人的生活里，我们开展不了自己的生命，当我们不幸被抛弃，我们可能连该回到哪种原来的生活，该转而往哪里去都不清楚。

这时的我们，可能会像刺猬妈妈，惊觉这么多年的时光过去，就像一场梦。

在梦醒的这一刻，才发现自己不知何时已经老迈，却从未享受过属于自己的年轻。

聆听自己的心，是生命书写的起点

许多时候，人被各种声音环绕，以至于我们听不见自己的声音。

那些向我们诉说的人，并不是刻意要欺负我们、打压我们、剥削我们，有时只是用他们觉得好的方式，强行推销他们的善意。

在《车轮下》中，大人们对汉斯寄予厚望，因为他们认为汉斯是个可造之才，经过适当的磨炼，应当可以成为一个对国家、对社会有用的人。

在善意的笼罩下，汉斯很难拒绝大人们的要求，更何况为自己争取荣誉和胜利，这似乎也是人之常情，所以汉斯在理智上很难推辞这些善意，却在情感方面不得不承受这些善意所带来的压力。

上世纪九十年代，台湾有部电影叫《我的儿子是天才》，讲述一个菜贩的孩子智力惊人，被教育部特别选拔出来培养。

他在这个过程中失去了童年应当有的快乐，被迫与比自己年长好多岁的人一起学习，承担成人们的期待。最后他给自己施加电击，伤害了自己的智力，却帮自己重新赢回了童年。

为什么书写关于自己的事情，有时很难？因为书写是一种“重新”赢得生命的历程，这个方法始于“重新聆听”。

聆听我们内心真正的声音：我喜欢什么？我适合什么？此刻我的定位是什么？未来我要往哪里去？

先搞清楚要去哪里，再出发，否则走得再远却是歪路，反倒无法让我们真正获得快乐。

所以当我们听得太多，我们需要让自己静一静，好聆听自己的声音。

就像在一个喧嚣的餐厅，就连对身旁的人说两句话都很费劲，有时我们的心也被大量的噪音笼罩，所以我们无法听见自己的心声，也就说不出自己的话。

这时，我们会陷入一种“假性随和”的处境。

我们表现出一派随和的样子，好比在点餐的时候，对于同事的意见，我们会说“都可以”。

可是当别人做了决定，我们内心却又感到有点酸酸的，这仿佛不是我们的意见，但我们却不由自主地在嘴上表示了同意。

当同事察觉到我们闷闷不乐，他可能会问：“要不你决定我们要吃什么。”

这时我们可能陷入另外一个困境，就是我们不知道自己想吃什么，于是换成别人也不开心，好像他们给了我们机会，我们却不懂得抓住。

方法

刺猬妈妈的假性随和，使她失去了一段宝贵的人生。

汉斯的假性随和，使他失去了掌握自己生命的机会。

因为赫曼的提醒，他重新开始思考自己的生命，想要重新书写自己的生命故事。

在小说中他失败了，但现实中，我们可以通过有效的方法，帮助我们听见自己的声音。

1. 书写过去的回忆。

当我们对现在的自己要什么、要去哪里感到疑惑，我们可以回头看看过去走的路。

从我们记忆的源头，把我们曾经有过的志愿和理想写下来。

写下来的目的，是让我们能够看见我们曾经有过的想法，哪些实现了，哪些没有实现，为什么会有这样的结果，以及这些与想法相关的影响事件。就好像我们迷了路，与其继续往前摸索，不如回到一个我们熟悉的定点，重新思考该怎么走。

2. 听听别人眼中的自己。

这听起来有点矛盾，要听见自己却得通过他人。但有时我们需要这么做，我们去询问自己在他人眼中的样子，然后我们做好笔记，用来对比我们对自己的看法。

譬如我们想要知道自己在别人眼中是不是一个负责任的人，

我们可以写下自己的答案，以及为什么我认为我是个负责任的人，我有哪些负责任的例子。然后我们听听别人怎么说，跟我们自我阐述的内容有何不同。

3. 制造回音。

进行书写的时候，我们可以不断地把我们的想法向外抛，去寻求回声。

我们可以将写下来的东西给特定的朋友看，听听他的意见，或是通过网络获得他人的看法。也可以参加相关的社团，或找到一个笔友，一起书写故事。

譬如在电影《花样年华》中，男女主角一起写小说，这本小说的内容反映了他们当下对对方的情愫。写作本身，也是在互相沟通。

结语

把生命日记的第一页（或者每一页），献给自己。

2-2
具体化：如何通过身边的人了解自己

故事

鸭子彼得从小被城堡湖畔的天鹅抚养。他从小就很自卑，觉得自己没有周遭的天鹅漂亮。

在彼得眼里，天鹅们有雪白的羽毛，细长的脖子，在水面游泳的姿态优雅。当人们在湖边看见天鹅，大人小孩挤在栏杆旁，争相喂食。

彼得身上的花纹一块土色、一块黑色，有些地方带着介于两者之间的咖啡色与砖红色。他怎么看都不觉得自己好看，所以当其他的天鹅和他在一起，他都不由自主地走在他们身后，不敢跟他们并行，也从未在游客手上吃到面包。

城里的孩子最近开始陆续生病，医生说跟天鹅有关，于是国王下令捕杀天鹅。天鹅们丝毫没有警觉，他们早已习惯人类的豢养。没多久，湖边的天鹅就被抓得一只也不剩。

彼得形单影只地在湖边踱步，被人们围观，让他十分不安。

这时有个孩子说："那只鸭子好可爱。"给了彼得一小块面包，跟着其他人也说鸭子可爱。刚开始彼得不敢相信，后来他逐渐习惯接受人们的好意。

没多久，其他地方来了一群过冬的鸭子，他们栖身于城堡湖畔。

彼得成为他们的一员，过去对于天鹅的记忆变得模糊了。

心理

哲学和心理学，都曾为了"人如何形成自我意识"的问题，有过丰富的论战与研究。

当前的结论暂时是：我们的自我意识，部分来自先天的遗传因素，部分来自后天的环境因素。

比如智力确实是一个人学习好坏的指标，但如果我们把学习扩大到成功，就会变得很复杂。

美国心理学家黛安娜·鲍姆林德（Diana Baumrind）说过，成年后最没成就、最不幸福的孩子来自"日常生活中缺乏合理规范"的家庭。

自我意识同样如此，比如文章前头的故事，鸭子彼得是自卑的，对他而言，与其说天鹅是美丽的，不如说社会告诉他天鹅是

“正常”的。凡是跟天鹅不一样的鸟类，都是不正常的。

并不是没有游客愿意喂食彼得，但他总是让自己落在天鹅的后头，不敢跟他们争抢食物。久而久之，他会落入一种习惯性的思维，心理学上叫作“习得性无助”。

也就是原本我们能够办得到的事情，因为我们长久不敢去办，告诉自己“我不可能办到”，久而久之，我们就真的发自内心相信自己办不到，以为自己是无能的，没有价值的。

实际上我们并非如此无能，是我们对自己有种根深蒂固的自卑，视自己无能，因为我们彻底相信这个念头，所以最终使之成为了某种现实。

这种困境也发生在生活中，某些家长或老师，辱骂一个孩子，说他是没有能力的，贬低他的人格，逼迫他去相信自己不可能有一个幸福的未来。久而久之，这个孩子可能就会将家长与老师的评价，当作自己的真实状态。

在故事中，帮助彼得走出习得性无助的是命运。

因为周遭换了一批伙伴，他有机会重新梳理自我认知。在现实中，我们往往很难变换身边的伙伴。但变换伙伴并非改变认知的根本方法，最根本的做法是改变我们对他人的心态。

我们通过他人了解自己，我们掌握自我认识的主控权，而非反过来让自己陷于被动。

因此，我们主动地去了解、诠释身边这些人对我们的意义，避免如无头苍蝇一般，听到任何人对我们的评价，都信以为真。

毕竟有些人跟我们毫无交集，有些人对我们缺乏认识。

要想了解身边谁和我们有着真实且深刻的连结，可以通过探问的方式，当我们去探问别人眼中的我们，我们会发现原来哪些人真的了解我们、关心我们，而哪些人只是表面热心，实际冷漠。

这个问题始于“我是谁”，从哲学的角度，基本可以归纳为几种看法：

1. 灵魂论。柏拉图认为人有灵魂，每个人都是独一无二的，有自己的魂。

2. 原子论。阿那克萨戈拉（Anaxagoras）认为，万事万物的结合，都是通过原子不同的排列组合。所谓我，也只是多样化的排列组合，所造成的某一种结果。

3. 不可知论。物质是可知的，但“我”是不可知的。我们只能够去描述我是谁，我是什么样的人，但我们无法准确给出定义。

这三种看法，其实也是现在日常对于“我”的三种看法。现代心理学谈“我”，更多的是谈“自我意识”（self-consciousness），“自我认知”（self-knowledge）或“自我觉察”（self-awareness），指的更像是认识自我的一种流动的状态，或者说是一种大脑活动的产物。

对于我是谁的问题，看起来很玄，但许多人每天都在关心这个问题。好比有些人每天都要看今天的星座运势，其实就是在了解“我是谁，我今天会遇到什么事情”的一种表现。

有种心理效应叫“巴纳姆效应”（Barnum effect），前两年才有节目重现了这个效应。

一位心理学教授和几位年轻人分别对谈，然后将一份关于这几个人的性格描述，分别放进信封里，让他们带回去阅读，回头反馈教授性格描述上说得准不准确。

结果这些年轻人，大多都说很准确，最低也认为有百分之七十确实符合自己的性格。实际上这个实验中的每个年轻人拿到的性格描述都一样，只是每个人都在这些笼统的描述中，以为切中了他们自己的特点。

有些人貌似理解我们，实际是我们陷入了关系的巴纳姆效应。

一个相声的段子这么说：

有个算命先生，靠一招走“骗”天下，他桌上有块木板，总是反面朝上，而正面则写着“没有”两个字。

每当有人来找他算命，他就问各种问题：“你有孩子吗？”“你有车吗？”“你是干公务员的吗？”……每当这个问题，对方答“没有”。他就立刻翻过牌子，跟对方说：“哈！我早就算到你没有。我这算卦就是灵！”

你说，这灵不灵呢？

当我们不断地去寻找“我是谁”的答案，往往就会去除我们可以是其他人，可以有其他的可能性。

同样地，当我们想要去了解一个人对我们的意义，我们擅自去定义关系，很可能对方想的跟我们不一样。

换句话说，当我们对关系认知得不够清晰，却硬是要说清楚，可能会让我们离真实情况更远。

比如当彼得没有认知到自己是鸭子，而是拿天鹅的特质和自己比较，那么这种比较无益于增进他对自身的了解。因为他内心寻求的是认同，却偏偏只能从同伴身上看见差异。

如同当我们迷茫的时候，听从那些认为“我‘应该’……”的答案，然后我们真照着做了，譬如在他人的压力下选择专业，选择工作，或者选择伴侣。这么做可能非但无法实现自我，反而让自我走向更深的迷茫。

因为给我们答案的那个人，并不是出于对我们的了解，而是出于他自己的价值观，就像一个非常注重学历的人，对谁都鼓励他们读硕士、考博士，鼓吹学历的价值。

如果我们不断朝自身内在去挖掘，我们仅能发掘到各种主观的感受，这种主观的感受并不等于我们对于自我的真实认知。

因为人的认知能力毕竟有限，所以主观感受可能是不真实的。

这里就存在自我认知的盲点，而许多心理方面的困境，就是对于盲点的不够了解所造成的，了解得不够全面使我们迷茫，误以为自己了解很多则容易产生偏见。

方法

如果你对和某个人，或某些人的关系有迷茫感，总觉得相处起来不踏实。这往往意味着，你对他和对这段关系的认识，以及对这段关系的看法与期望，答案是缺失的。

当我们试着补上这份缺失，有很大的机会，我们能够更好地定位自己。我们可以这么做，列一份“自我内外观察”清单：

1. 列出我自认为的五项优点，且要就这五项优点举出实例。

这些优点可以跟我们想要探讨的身份结合，譬如我想谈谈我作为父亲的角色，或者是作为一位咨询师的角色等。

2. 带着写有五项优点的笔记，找到身边想要厘清关系的对象，询问他们，在他们眼中我们的优点是什么，并请他们举例说明。

3. 对照双方认知的差异，进行讨论。

好比你自认的优点是大方，但对方认为你的优点是乐观，那么你们可以讨论，为什么你自认大方，而他认为你乐观。

4. 进一步探讨。

对你而言，你对你提出的自身优点的看法是什么，对他所说的优点看法又是什么；他对他所说的你身上的优点的看法是什么，对你所说的优点看法又是什么。很可能当你们同样在谈“大方”，你们对“大方”的看法不一样，又可能你所指涉的例子，他的角度也不一样。

5. 试着用同样流程谈谈缺点。

也可以试着用同样的流程，谈谈其他你想谈的特质。进一步描绘出一个“我以为的我”和“别人以为的我”的表，对照看看，这些是否更清晰地组成了我们的样貌。

6. 进一步自我省思一下，对于这个历程所带来的感受，是失望？惊喜？不高兴，或……

7. 和对方讨论彼此的感受。

结语

法国文豪雨果曾说：“世界上最广阔的是海洋，比海洋更宽阔的是天空，比天空更宽阔的是人的胸怀。”

关系所能看见的，是胸怀。而胸怀如海洋与天空，你必须徜徉其中，越是清晰晴朗，越能看见关系。

所以了解关系最要紧的，就是走进天地之间，亦即你我之间，方能一探究竟。

2-3
形象化：什么是“活出自己的样子”？

故事

阿福和阿明是认识多年的好朋友，也是登山爱好者。

刚好他们的太太都不喜欢户外运动，所以登山成了两位男士交流感情、互相倾吐苦水、给生活减压的主要活动。

阿福和妻子结婚六年，最近蠢蠢欲动，跟公司新来的一位女同事关系暧昧。

这次一起爬山，阿明路程中几次劝他要为家庭着想，阿福听不进去。

山上遇到突如其来的大暴雨，引发泥石流，两人仓皇逃命，在一条人迹罕至的小径，找到一间小木屋。

小木屋虽然看起来已经废弃多时，但至少能遮风挡雨。

屋内光线昏暗，阿福找到一盏油灯，抱着姑且一试的心，竟意外点燃残油。

油灯照亮屋内，只见靠墙处有三只大箱子。

墙上刻有一行字："其中一只箱子装有秘宝，每位进屋者可开启一只箱子。"

读完这行字，阿明打开其中一只箱子，里面是空的。

阿福见状，也打开一只箱子，里面装满珠宝，两人讨论着要怎么下山变卖这些珠宝，改善生活。

这时，阿福动念，想知道第三只箱子装了什么。

阿明劝他，规则说一个人只能开一只箱子，如果再开就是破坏规则。

阿福说阿明是胆小鬼，硬是把箱子打开。

箱子里冲出巨大的黑影，瞬间把阿福吞噬。

心理

所有的心理咨询，从某个角度来讲都有一个共通性：

一方说故事，另一方听故事。然后听故事的一方试着帮助说故事的人，重新理解这个故事，甚至一起做出对故事的修正、增补或删减，最终使说故事的人在故事中得到心理层面的"升华"。

升华指的是进入一种更超前的状态，去回头看前一刻的自己，两者不是脱离的，而是更好的绵延。就像一个人的成长，婴儿到老年，没有一刻不带有属于那一刻的美丽以及丑陋。但即使是丑陋，仍然富有生命力。

这与一个近代哲学领域息息相关，就是“诠释学”。

诠释学的起源，可以追溯至中世纪，教士们对于《圣经》内容的解读，后来逐渐演变出一种探求真理的方法。

诠释学的核心概念之一，就是“诠释学的循环”（Hermeneutic Circle）。

这里不做复杂的理论描述，简单来说，诠释学的循环指出了人们在认识这个世界，包括初次见面的相亲对象，上课老师教授的课程，以及除此之外所有我们认识活动的特点。

这个特点在于，因为个人的性格、想法、愿望、文化背景等塑造出来的这个“我”，使得与我发生关系的种种人事物，产生了意义。当“我”不存在，意义也不存在。相反地，我有权力去赋予意义，即使我对这个事物知之甚少。

这就产生一个矛盾，就是当我们在谈“意义”，好比“活出有意义的人生”“我想过得有意义”，这个“意义”到底是什么？说穿了，这个意义不是客观的意义，更多是一种主观的感受。

在开头的故事中，打开宝箱的规则是外在的、客观的，就像婚姻不该出轨的规则，就像工作应该勤奋的规则，就像待人接物应该诚实的规则等，但阿福想要听从内心的、主观的声音。这时，旁边的好友阿明，就成了外在、客观规则的同路人，也成了阿福的某种敌人。

那么前一刻还是朋友，后一刻就变成敌人，这是怎么来的？其实阿明并没有改变他的立场或想法，一切是因为阿福自身的起心动念。

进一步，这种起心动念有两种主观的特征：

1. 我们的认识本身就是一种诠释的活动。

曾有个日本节目，介绍一只胆小的小熊。那只小熊看到什么都怕，包括看到小猪。他害怕小猪，原因在于他过去没见过猪。如果我们能听懂小熊说的话，那么他可能会这么和我们说："那个粉红色的生物太可怕了。"

现实生活中，我们同样也是如此。好比我们建立对狗的概念，这个概念来自媒体，来自身边的人，以及我们自己。但不是每个人都喜欢狗，有人喜欢，有人厌恶。

这跟狗的生理结构或其他客观知识无关，每个人都可以做出他对狗的主观认识。

我有个表弟很小的时候被狗咬过，现在一米八的个儿，还是怕狗。他对狗有客观认识，也知道狗是人类的好朋友，但每每遇到狗，他还是会避一避。

所以当我们认识一样东西，我们本身也在给这个东西加上各种观点，产生属于我们个人的感受与想法。

2. 我们的认识包含我们背后的文化。

当我们在认识一样事物，认识的同时，我们也在做出我们的诠释。这个历程并非凭空想象，背后包含我们身处的文化环境。

好比同样谈到"英雄"，来自不同国家、种族、阶级、社会地位，受过不同教育的人民，脑中浮现的英雄典范便有所不同。对某些人来说，谈到英雄就想起雷锋，或是电影《战狼》，但某些人则是想到美国队长、蝙蝠侠。

英雄的内涵也不同，有人对英雄的认知，早在他真正认识英雄之前，就被身边的人以耳濡目染的方式，灌输英雄的面貌。

好比在某些文化区域，受人崇拜的男性不受婚姻束缚，和他们发生关系，甚至为他们产下子嗣的女性，把能与这样的男性发生关系，视为荣耀，而他们生下来的孩子，也不会受人歧视。

但到了其他文化区域，这样的男人可能被视为渣男，根本无法归类为英雄。

可以说，没有人的认识是从白纸开始的，我们终身都受成长背景的影响。只是在成长的过程中，有时我们一度奉为圭臬的信念被打破，有时则获得强化。

当我们试着通过叙事治疗的写作方法，展开自我治愈的旅程，我们也是在诠释学的循环中，找到重新命名与书写生命故事的最好方式。但我们得明白，这种方式始终无法脱离过去的经验，且不存在一个客观完美的答案。

方法

在咨询方法中，有个方法叫“房树人”（Tree-House-Person），是一种通过绘画房、树和人，根据三者的形态与相对关系，了解来谈者所投射出来的内在感受、想法以及他自己都没有意识到的潜在问题的方法。

叙事治疗，同样也能利用这样的方式，去理解我们自身，更重要的是，这种理解是一种诠释，是追求属于我们自己的、特殊的、个别的答案。

并且这种理解带有创造力，能够让我们不单单呈现客观的问题，还能帮助自己看见盲点，就像在黑暗的房间点上一盏灯。

我们可以自己决定故事，而“房树人”谈的是人和环境之间的关系，同时也能看出我们自己和他人的关系。

有时我们寂寞，当我们看见路上的情侣，我们可能会感到孤单。可是当我们也陷入热恋，再见到情侣，反而会产生一种大家都很幸福的感觉。

这些也能反应在我们的表达上，如电影《和莎莫的500天》(*500 days of summer*)，男主角以给贺卡撰写贺语为生，当他恋爱顺利，写出来的字句都充满爱；当他失恋，情人节卡片都能写得像讣闻。

下面，我们可以通过适当的写作法，帮助我们处理内在感受：

1. 确认我们的情绪。

如果我们正因为一件事情而悲伤，那么我们先承认这个情绪存在，而不是试着逃避它。

2. 选择一个悲伤的故事。

可以是童话、新闻或电影，只要这个故事使悲伤的我们有所共鸣。

3. 截取故事的一半，设定一个“岔路”。

好比某个我们选择的故事，我们知道主角即将遇难，那么我们可以把“岔路”落在遇难前一刻。你甚至可以在页面上画一个叉，或是某个其他记号。

4. 遮蔽剩下的故事，开始书写我们的版本。

岔路之后的故事，由我们来决定。我们可以决定白雪公主要不要吃苹果，美人鱼要不要为王子牺牲。

5. 完成故事。

6. 对他人朗读我们的故事。

我们需要告诉别人，属于我们的故事，这可能会让别人很惊奇，以至于他们会提出问题与看法。这些问题与看法，往往能够响应我们自身的状态，也就是“为什么我们要这么写”。好比为什么我们希望 A 角色死亡，或者希望 B 角色不死。

7. 改写故事。

在经历过一些反馈后，我们可以回头改写故事。这时我们可能更了解故事，也更了解自己对故事的看法，以及别人怎么看。这都在帮助我们，了解通过故事书写，到底投射出了哪些自我的想法、感受与情绪。

结语

我们对这个世界抱有解释权，包括对我们自己。正如美国著名积极心理学家丹尼尔·西格尔（Daniel Siegel）所言：“重要的往往不是问题是什么，而是我们对问题的看法。”

2-4
形式化：为什么我总是觉得别人比我好？

故事

张三是武林中最有名的剑客，无论去到哪里，总有崇拜者送上好酒好肉，就为了一睹他手中的剑。但也总会有好事之徒，上前挑衅，不惜搭上自己的性命。

黄齐是张三的侍从，他的工作除了照顾张三的生活起居，还包括用他的生花妙笔，记录下张三走访各处所遭遇的大小战役。每每黄齐完成新的文章，文章马上在武林间传颂，成为市井说书人的题材。

几年过去，张三倦了，想要归隐，和普通百姓一样成家过太平日子。黄齐听了心里一惊，要是张三归隐，自己未来的生活该往何处去，他没有想法。

说要归隐，倒也没那么容易。张三在武林声望高，仇人也多，归隐恐怕也很难真正过上太平日子。

张三求教佛寺住持，住持写下六字箴言：“名之、誉之、毁之”。

张三心中荡然，开始过起风流日子，让黄齐把他的风流写成文章，很快人们就把张三视为浪荡子，避而远之。

终于，张三过上了他想要的日子。

黄齐则是找到另外一位剑客，担任他的侍从，给他写故事。很快，江湖又多了一笔剑客传说。

心理

人是社会动物，一方面追求个人的自我主权，一方面又需要社会认同，建立起和谐的关系。但有时我们在自我与社会的观点交错中，失去了自我表达的“权力”。

比如有些公众号作者语言粗鄙不堪，却又有百万粉丝关注，说明某个程度上，人们都需要一个窗口，去把自己内心想说，却不敢说，也不知道该怎么说的被压抑的、负面的、充满欲望的情绪，借由某个被我们认同的声音，充分表达出来。

所以有些人是张三，受人景仰的剑客，有人是黄齐，隐身在张三身边，替他宣传。表面上，黄齐只是在传颂张三的故事；实际上，当他把张三视为自己活下去的目的时，张三的快乐，就是他的快乐，张三的成功，也等于他的成功。

从精神分析的角度，这是一种“移情”。就像有的父母把自己未完成的人生目标转移到孩子身上，当孩子表现不如父母的预期，父母会十分愤怒。有些父母的愤怒，并非仅仅因为孩子表现不佳，而是因为在孩子身上感受到自己过去曾经受过的屈辱。

可是，黄齐不是张三，父母也不是孩子。

一个人把表达自我的权力交在他人手里，让他人的声音支配自己。就像自己只是一个语音输入系统，别人说什么，他们只是负责把别人的声音转成文字。

这时我们需要重新夺回权力，因为权力就是“能力”。

当我们开始重新用自己的所见所闻、用自己的观点、用自己的话表达我们的认知，以及生活的一切，别人才可能真正了解我们到底是谁，我们来自何方，我们想去哪里。同样地，只有通过源于自我的书写，我们才可能从书写的文字中，看见真实的自己。

可是真实的自己，并不总是那么好看。但人心自带美颜滤镜，保护我们的自信不至于因为现实而崩溃。

有个心理学实验，研究者给参与实验的民众看许多照片，里面有普遍被认为好看的脸，也有普遍被认为不好看的长相。然后请参与者自评，和其他人的脸对比，自己的长相排在这些照片中什么位置。

结果发现，绝大多数的人尽管不会认为自己很好看，但都认为“至少比普通标准好看一点”。简言之，如果六十分是一般大众的标准，那么大多数人都会有“我至少比六十分高一点”的认知。

这个认知是主观的，是心灵的美颜滤镜。这个滤镜也是必要的，如果每个人都完全依赖客观标准，那么我们的自我就很难不被超我所抑制。

这种倾向，是在我们无意识中进行的，称为“内隐情绪调节”（Implicit Emotion Regulation）。

内隐，有“在内的”“隐藏的”意思，正因为情绪调节的作用是意识所无法察觉的，所以也是“自动的”。就像手机自带的程序，会在我们关闭屏幕的时候，自动清除内存，好让手机使用保持顺畅。

内隐情绪调节，就是通过无意识下的情绪调节活动，对消极的情绪进行加工，保证我们内心不至于失衡。

回头来说，这就是我们对于自我主权的掌控。当我们说一个人要做自己的主人，便意味着不要轻易被别人的情绪带走。

我们的情绪是属于我们自己的，我们可以为他人的悲喜，产生共情。就像我们目睹被欺压的人们，我们给予帮助，我们流泪；看见自己的家人被欺侮，我们同仇敌忾。

但这不意味着我们的情绪可以随意被他人绑架。

有时候，我们给予他人绑架我们情绪的机会，我们放弃了权力，等于丧失了能力。我们让其他人帮我们表达了，并让别人决定我们该如何表达。

另一方面，有时我们对于权力的放弃，在于我们把自己的一切都交给了情绪。我们走向另外一个极端，我们依旧被绑架了，把理智、深思熟虑等让内心保持平衡的力量，都交在情绪手里。

无论哪一种绑架，都是一种消极的心态。当我们在谈心灵的成熟，说一个人懂得人情世故，往往谈的就是一个人有足够的情绪调节能力，他能在负面的氛围中保持意识清醒，在情绪被挑动的时候保持冷静。

即使是在最为感动的时刻，他仍旧是他自己，而不是其他人，或受其他人控制的工具。

他既是能与他人共情的社会动物，同时也是能轻易说出“我是谁”，知道“我在做什么”的个人。

而说出“我是谁”，对某些人来说只是说出“我的成功”，把主观认定的“我的失败”隐藏起来。

比如当黄齐把张三的成功视为自己的，他会在张三的成功中得到快乐，一旦张三失败，他可以撇清和张三之间的关系，那么失败的痛苦就和自己无关。于是在这种情况下，一个人总是能够处在某种虚幻的成功与快乐之中，逃避实现自我所要面对的挑战和挫折。

所以真实面对自我，不只是面对自己的成功，说出自己的成功，更重要的是我们能否用接纳的态度看待自己的全部，包括我们的弱项，以及曾经挫折的过去。

这需要一段时间，需要一段历程，好使我们能够接纳整体的自我。

否则我们可能会像黄齐，当一个移情的对象消失，我们会去寻找下一个，却没有给“寻找自己”留下时间和空间。

方法

电影《国王的演讲》(*The King's Speech*)中内向、不善交际、对群众演讲有恐惧的爱德华八世，为了在战争中给国民打气，向咨询师咨询为何面对大众就口吃的问题。

当我们对于表达自我有一份恐惧，背后的原因不只是因为不自信，而是我们的内隐情绪调节没有得到足够的支持。这份支持来自我们对于自我面貌的认知是否清晰，以及我们在关系中想呈现的外显情绪。

当我们对自我的面貌感到模糊，其实我们是清楚的，只是在别人的目光中，以及我们渴望给别人看的虚荣感中感到迷惑而已。让我们给自己写篇“自我陈述”的演讲稿：

1. 给访谈稿一个前言后语。

譬如“各位听众朋友好”和“感谢各位的聆听”，当我们对聆听的对象有一个默认，我们就能清楚地想象他们的面貌，进而用我们熟悉他们的方式去书写，降低焦虑。

2. 多用“我”来表达。

“我有一个想法”“今天我想说的是”……试着习惯我们可以，

也能够被看见。

3. 主题明确、罗列重点。

主题明确，并用逐条（第一、第二……）陈述重点的方式，能方便我们演说，譬如想要对员工进行一段五分钟的激励演说，那么可以明确为激励员工渡过近期公司财务困难的演说，而这个演说的目的在于希望员工同意全体降薪 15%，这笔款项将于三个月后得到融资补足……这样我们更容易整理清楚要说的话。

4. 设定具体时间。

写稿子不要无限制地写，好比 TED 演讲基本不超过十八分钟。我们可以给自己五分钟的篇幅，只要说清楚重点。如果我们用太多的赘词，我们就更不好意思表达自我，即使表达了可能别人也搞不清哪些是客套，哪些是真话。

5. 引经据典。

当我们需要增加支持，通过引用经典的文句，可以让我们更有信心表达自我。

6. 标示情绪变化的记号。

当我们写好要演说的内容，我们可以自己演练几遍，然后将我们在演练中的情绪变化标记出来。说到哪里我们容易紧张，谈到什么要求感觉自己容易咬字不清，用不同颜色或符号标记出来，可以提醒我们这些地方要特别注意。

这篇文章不一定要给别人看，可以只是写给自己看。但重点是这篇文章清晰地陈述了我们内心最真实的想法，并且在这个真实想法的呈现过程中，我们辨识出了自己的面目，以及我们对自己面目的仓促不安。

想要跟恋人表示自己渴望被关注，想要知道自己为什么被排除在升职名单外，想要做个自我介绍，想要澄清一个误会……许多要说的话，都要从我们愿意开始表达自己开始。

结语

哲学家布鲁诺（Giordano Bruno）曾说："伟大的作家所献出的礼物，是让读者成为更好的作者。"

出于内心的肺腑之言，使我们更容易与互相欣赏的人交会。

如果我们在自我对话的叙事中，既是作者，亦是读者，也许我们就能够更好地找到更全面的视角，拓展自我接纳的心理活动。

2-5
规则化：自我认同是生活意义的开始

故事

老周是个虔诚的佛教徒，自从先生过世，孩子离家去一线城市打工，她就一个人独居在山里的老房子，每天过着简朴的生活，日出而作，日落而息。

不忙的时候，老周会拿出佛经，一遍又一遍地朗诵。

有位高僧周游全国，徒步化缘。他远远看见山的那一头有佛光，转过山径，正是老周的屋子。

僧人很是好奇，敲了老周家的门。老周很客气，用当天采摘的竹笋、木耳等野菜，给僧人准备了一桌素菜。

僧人和老周闲话家常，知道老周非常虔诚，每天通过读经，为孩子祈福。他想给老周一点帮助，便教她辨认佛经中几个容易读错的字。老周没读过书，认这些字全靠自己一点印象，因此对僧人很是感激。

教得差不多，僧人告辞。老周继续读她的佛经，这次她很努力地去辨识每个字，要把它们的音读对。

僧人走了好一会儿，回头看，发现老周房顶本来涌现的佛光，全都消失不见了。

心理

每个人都是老周，正如每个人都是“社会动物”。

社会动物的特征，其中一项就是：个体会在成长的过程中，不断通过有意或无意的接触，建构出一套属于自己的仪式。

这些仪式，换言之可以说是一种习惯。但这种习惯是生活累积的，带有他人对我们的影响。

除少数比较特别，对生活造成困扰的强迫行为，譬如每次洗手都要洗半个小时，否则总觉得洗不干净，结果手的皮肤都受伤了。或是强迫思维，明明住在很安全的地方，却总是怀疑房间的暗处藏着坏人，进而焦虑不安，夜夜不能安眠。大体上，生活的仪式是使我们融入一种文化，并且形成自我认知，以及他人对我们的认知，是很重要的一种个人特质。

我记得小时候，一家三代人住在一起，每次吃饭都十几个人一起坐，非常热闹。家里讲求规矩，一定要外公吃了第一口，大家才能动筷子。久而久之，形成吃饭的时候请长辈先吃的习惯，也是家族用餐的仪式。

文化有各种文化的仪式，好比谈到人的信仰，研究显示八成以上的人都没有实质的特殊信仰，仅有所谓的“民间信仰”，也就是不在意教仪、教义与教规这些东西。

即使是民间信仰，文化中那些不硬性的仪式，依旧被人们自然而然地在生活中吸收。譬如即使为了某个功利目的才进庙里，但拿香、烧纸钱这些事情，并不因为对于特定宗教欠缺深入了解，就不做。

当我们喜欢走特定的上下班路线，喜欢特定的尾数，或是觉得看见某个东西会触霉头，相信水逆，这些都是一种仪式感的表现。

在叙事治疗的咨询中，我们对仪式感有更进一步的利用，通过所谓“定义式仪式”（definitional ceremonies），帮助我们梳理自我认知，在遭遇心理困境时，更容易找到自我疗愈的策略。

但我们不仅仅限于成为仪式的、习惯的囚徒，我们反过来去定义它们，使它们对我们产生可利用的价值。

好比开头的故事，把经文的每个字都读对固然重要，但比不上用虔诚的心去为孩子祈祷、沉浸在对超越者的敬意之中。

经过僧人的矫正，反而让老周将原本专注于祈祷的心，转移到要把每个字念正确的次要事务上。她的心中不再有佛，沦为一个读稿机。

就像好的演讲，关键不在于用那些字正腔圆的“主播腔”说话，而是真情实意地表达内容。

反观我们的生活，有许多潜移默化的仪式，使我们落入一种生活的窠臼当中。日复一日地重复这些行为或想法，能让我们感觉安心，但与此同时却也让我们在生活出现新的困境时，没有办法从既有的习惯中找到新的出路。

要注意的是，这里说的定义，不是一个人全凭喜好，想怎么解释就怎么解释，而是一种对于真实自我、真实生活的回归。

这里说的定义，如文化人类学家梅厄霍夫（Barbara G. Myerhoff）所言，是一种觉察，更是一种对“认同”的寻求。

好比如果今天老周遇到的是一位叙事治疗的咨询师，他就不会去为了自己的喜好，要老周把每个字的音都读对。

他更想知道老周为什么要读经，又为什么通过读经的方式，来达成她对儿子的祝福。

就像为什么每个人都有一些仪式性的行为，例如我有个朋友，他进入办公室第一件事是泡杯黑咖啡，再展开一天的忙碌。原因是在上一家公司，指导他的前辈每天带他到楼下喝咖啡，一起讨论。逐渐地，这个仪式成为他的仪式，其中潜藏着他进入一个新的公司时，前辈给他带来的安心感。

推而广之，为什么有些父母想要给孩子建立好习惯，却得不到孩子的青睐，某些原因也在于此。

孩子理智上理解这个好习惯的意义，譬如早上跟爸妈问早安，睡前记得跟爸妈说晚安，出门要跟爸妈说“我出去了”。

但孩子没有在这个仪式的形成中建立认同感，这份认同是对家庭的认同。

如果父母用的不是“你应该这么做”，而是家里其他成人都主动这么做，形成一个家庭成员共有的标记，那么这件事就成为孩子融入家庭的入口。

父母是“邀请”孩子成为家庭的一员，而不是让家庭反过来成为压迫孩子的来源。

方法

定义式仪式，是对生活中大大小小我们习以为常的仪式性行为，或者说在成长过程中建立的思维和行为习惯，进行重新认识。

这一次，我们很清晰地去觉察它们，使我们在生命历程的此时此刻，得以用更成熟的角度去刷新它们的意义。

就像十六岁时对爱情的信仰，它并不是永恒的规律，而是可以在二十六、三十六或其他年纪，因为我们的各种体悟，重新赋予意义的。

当我们对现有的生活有迷茫感，或者想要对当前的生活投入一点改变，我们可以试着这么书写：

1. 做生活记录。

我们可以记录一周的生活，写在随身的笔记本中，然后挑出当中每天重复的部分。

2. 整理生活记录。

对于重复的部分，我们试着回想这些仪式为何养成，当初是在什么样的群体中形成这些习惯的。当时做这些事情的意义是什么？别人怎么跟我说的，我又是怎么理解的？

3. 寻找见证人。

有可能的话，回头去追溯那些跟我们共同进行这些仪式的参与者。可能是我们的父母、伴侣或某位师长。如果他们不在了，我们可以在心里邀请他们做“见证”，或是找现在我们身边，愿意聆听我们，彼此接纳的朋友或爱人。

然后，对他们读出我们做的生活记录，以及这些记录对我们的意义，并且告诉他们现在我们不再那么想了，我们想要做点改变。

4. 见证人重述。

见证人聆听完我们的描述，请他们用自己的话表达他们对我们所说的种种内容的想法。

5. 我的再次重述。

以见证人重述的内容为基础，再次重述我们的经历与想法。直到清楚我们表达出来的，确实如我们所想，那么我们可以共同签署一个合约，在见证人的见证下，展开新的仪式。

好比我们决定要忘了前任，那么我们可以从那些一起生活的细节入手，比如他离开后带给我们的生活习惯，进行上述定义式仪式的练习。

结语

当我们的生命有了某种仪式，象征我们曾经被某个群体所认同，而我们也认同那个群体。

这使我们不是孤独的，但当我们再次感到孤独，我们就可以寻求新的群体，那个群体有我们认同的文化，有和我们类似的个体，然后我们成为他们的一分子，正如他们成为我们生命的一分子。

这也不是对过往的割离，而是个体与个体，带着彼此不同文化展开的交融。

2-6
细节化：我们是由人生的“每一刻”所构成

故事

露西站在悬崖边，亨利站在她的身后，那条芦苇小径与柏油路的交界处。他远远地看着露西，那位他从小看到大的女子。

“亨利，我们走吧。”露西走在前面，亨利默默跟着，他们之间的脚步跨度不同，却早早练出保持固定距离的默契。

不变的距离，就像彼得·潘和他的影子，永远分不开，却也永远无法合而为一。

亨利倒下了，由于老迈，器官衰竭，亨利在没有选择的情况下，静悄悄地躺卧在冰冷的手术台上，等待医生为他执行道别的仪式。

手术室外，一位小男孩，他的双手触摸冰凉的玻璃窗，他的父母见状，赶紧把他拉开，还不住说：“玻璃好脏，你这孩子怎么那么不听话。”

小男孩对父母表示抗议：“亨利他好可怜。”

父亲对小男孩说：“亨利老了，我们这么做也是为了减轻他的痛苦。”

小男孩仔细看着亨利，他发现亨利脸上的白毛，以及罩着白雾的眼珠子，种种老化的迹象，充满生命已到尾声的信号。

亨利在医生的操作下，失去了意识。

“王先生、王太太，狗的尸体你们打算怎么处理？”医生步出手术室，带着小男孩的父母往办公室走去。

此时，在小男孩的家，露西趴在窗台边望着窗外，她内心有一种预感，这辈子再也不可能见到亨利了。

心理

对于年老，更让人难受的是年老带来的恐惧。这份恐惧主要来源于对年老的无知，而人们对于年老的无知，和对于死亡的无知一样，总是充满想象。

这份想象有如神话故事。神话故事中，人们将花草树木、日月星辰与其他有形、无形的东西，都赋予了我们的诠释。

就像曾经日食被认为是不吉利的象征，人们总是习惯在面对难以解释的问题时，给予一个容易理解的答案。并且因为这个答案往往难以验证，所以你无法说它是对的，或是错的。

当我们无法确定一个答案是对，或是错，那么这个问题也就失去了对与错的分别。

剩下的，只有两个选择，“相信”或“不相信”。

就像爱情，有时我们很难验证对方是否爱我们，那么爱情的问题就演变为信仰的问题。

哲学家安瑟伦有句话说：“因信称义。”

就是在信仰的世界，我们往往是先选择相信，再去为我们相信的内涵找答案。

反之，当我们陷入对于年老深深的忧虑，往往伴随这份忧虑的，只会是更多的忧虑。

就像我们悲观地相信人生没有未来，那么接下来大脑就会不断冒出各种负面的想象，好像在证明我们的预测将多么的正确。这些想象尽管尚未证实，却和确实发生同样吓人。

这份忧虑几乎和人类文明同样古老，古罗马智者西塞罗（Marcus Tullius Cicero）在《论老年》中，分析人们畏惧年老的原因：

1. 老人无法像年轻人那样在工作上达到活跃的表现；

2. 年老使身体衰弱、不良于行；

3. 年老使感官的部分快乐被剥夺；

4. 年老的下一步是死亡。

两千多年后，曾任哈佛大学心理系教授的达斯（Ram Dass）在其著作《学习做一个会老的人》（*Still Here*）中，也谈到这份忧虑。

我们不妨看看《学习做一个会老的人》的原英文书名“*Still Here*”，“仍在”有两层意义：

1. 一层意义是“活在当下”。

每个生命的片段，过去的我们无法改变，未来的我们无法全然预期。生命是每一个当下的总结，也是我们唯一能把握的事物。

无论我们活到什么样的年纪，婴儿、孩童、少年、青年、中年、老年。我们拥有的只有当下，所以我们总是在这里（here），别无所有。

2. 另一层意义是“始于当下”。

千里之行始于每一个当下，我们付出的行动，合在一起构成了我们的样貌。我们的所作所为，会烙印在我们的身体肌肤，同时烙印在我们心中。

我们曾经有过的荒唐，失去过的爱恋，后悔过的决定，所有悲苦的记忆，和所有开心的记忆，融合为一，所以我们是现在这个样子，不是别的样子。

是我们构成了我们自己，是我们在自己的脸上刻画皱纹。

不是别人，更不关岁月什么事。岁月是中立的，在岁月中选择怎样去活的人，是我们自己。

关于面对年老的忧虑，达斯给出了这样一种态度：

“接受过去、回到现在，任由往事沉浮，不耿耿于怀、不妄下评论，顿然间你会有一种大彻大悟的感觉。”

达斯的答案，正是西塞罗面对年老的答案，当我们专注于现在，我们就能从恐惧中解脱出来。

正如前面所说，恐惧来自想象，而当我们不想象自己能改变过去，或者控制未来，那么我们就更能专注于感受当下，感受当下的每个瞬间、每次脉动。

进而，在我们的肌肤表面，刻画出有意义的图腾，而不仅仅只是年轮一般的纹路。

方法

当我们想要静观生命的旅程，我们可以向身边那些经历过更多岁月、皱纹刻凿更深的人们学习。

我们可以试着去欣赏他们的皱纹，观察他们年老的肉体，并向他们请教，提出各种我们对生命奥秘的不确定与疑惑。

最重要的，不要害怕自己的问题会让自己显得愚蠢。

年轻的美好，就在于不怕愚蠢，只怕浪费。

当我们试着要解读年老，其实就是在学习放下，放下对过往的执着，对未来的控制欲。

我们可以拿出一张纸，然后这么书写“人生的火车”：

1. 把我们的人生进程画成几个格子，每个格子代表一个人生阶段。

有的人用时间当单位，好比十年一格；有的人用学习历程当单位，好比小学、中学、大学时光。无论那个单位是什么，找出一个单位，然后把它画成由好几个格子组成的行。

2. 将行中央的格子标示为现在，往左是过去，往右是未来。

然后从过去开始，把我们在那个阶段认为最珍贵的东西，以及曾经抛弃的东西写进该阶段的格子里。

3. 反思每一刻的断、舍、离。

所有我们舍不得抛弃、堆到此刻之前的所有东西，我们试着将它们都写进现在的格子里。

这时我们恐怕会发现，全部写进去基本上很困难。就像现实人生，我们不可能把所有的东西都带走。

4. 定位当下，整理带往未来的“行李”。

对过去，想带走的、不想带走的、想带却带不走的，我们分别用不同颜色的笔圈起来。然后我们专注在当下这些被塞进去的东西，思考哪些我们可以带到人生的下一节车厢。

5. 反思内心的欲望与恐惧。

当我们再也没有东西可以带到下一节车厢，可能意味着死亡；如果有太多东西要带到下一节车厢，可能意味着我们放不下。

就此，我们可以检视生命的意义，为何要带着这些东西前行？这对我们到底是财富，还是负担。如果是负担，那么我们应该回到当下的格子，重新筛选。

结语

心理学家荣格在《红书》中写道："你仍可去活的生命，你就应该去活。幸福会做决定，不是你的幸福，不是他人的幸福，只是幸福。"

皱纹与我们无关，年老也与我们无关，恐惧也与我们无关，除非我们赋予它们意义。

那个意义是快乐，还是恐惧，来自我们对当下的把握，我们越是能够把握当下，就越能超脱种种迷恋与负荷，用全部的自我拥抱幸福。

2-7
概念化："我"到底是什么？

故事

丹尼尔是个天生的盲人，对他来说颜色是不存在的东西。

他在图书馆工作，协助盲人借阅点字书。

新来的实习生珠珠也是一位盲人，丹尼尔很喜欢她的声音，总是那么爽朗，就像春天的阳光，温暖而不刺人。

很快他们相恋了，想要结婚生孩子。丹尼尔老家的亲朋好友不看好这件事，担心他们生下来的孩子会是盲人。这份恐惧传染给了丹尼尔，他开始不快乐，担心自己的孩子会跟爸妈一样。

珠珠问丹尼尔："你觉得自己眼盲很不幸吗？"

丹尼尔说："我原本并不觉得不幸，一个人的生活很满足。有了你之后，我品尝了什么是爱情，懂得有人陪伴的快乐。我感觉越来越幸福，也因此越来越害怕幸福会落空。”

珠珠安慰丹尼尔：“不会的。”

珠珠对丹尼尔说了一个秘密，她不是盲人，其实她一直都看得见。她刚开始只是觉得好玩，欺骗丹尼尔，后来真的爱上了他，但她一直不敢说破自己是个正常人。就像丹尼尔说的，因为越来越幸福，反而害怕幸福会落空。

后来丹尼尔和珠珠有了孩子，过两个月就要临盆，医生说B超显示孩子很健康，这让他们很高兴。即使孩子是盲的，丹尼尔和珠珠也不怕了。

因为在共同经历的谎言中，他们对幸福有了不同的想法。

心理

你身边有没有这样的人，就像前面故事中的丹尼尔和珠珠，你曾经可怜过他，觉得他的人生充满艰难。结果有天却发现，他虽然没有你有的东西，但过得比你幸福快乐。

有时带给人们快乐的，并不是那些我们未曾拥有的东西，而是我们怎么对待、处理我们已经拥有的。比如当你把眼光放在橱窗里的衣服，想象穿上它会有多美丽，那美丽能给自己带来多少光环。这时，是你属于那套衣服，而非那套衣服属于你。

这就是现代社会的有趣之处，各种广告和旁人告诉你：“你得拥有 ×××，你才会比现在更好，更幸福。”

实际上真的是这样吗？

麻省理工学院社会学教授特克尔（Sherry Turkle）在《群体性孤独》（*Alone Together*）中提出了一个很好的问题，为什么科技创造了脸书等社交工具，却让人变得更孤独，而不是更亲密。

她谈到两点：

1. 人既害怕孤独，却又渴望独立。

特克尔说："我们时常感到孤独，却又害怕被亲密关系所束缚。"

从发展心理学的角度，成长是一个离巢的过程，零至三岁的孩子，对母子之间的关系有种母子一体的假象，在发展自我概念的过程中，明白了母子并非一体，人与人之间是个别存在的事实。

三至五岁，孩子开始积极向外扩张对世界的认识，从大人的眼光看去，孩子显得好动、难以管束、好奇心强而专注度不足。

但这其实是亲子关系最重要的时刻，当孩子在父母的关怀与关注下，能发展出健康的依恋（attachment）关系，孩子在学习独立的过程中，就能够更安心地去追逐自己的理想，建造属于自己的世界。如果在儿时没有发展出健康的依恋关系，我们就会在想要开展自我的道路上，频频回头，渴望得到关注。

2. 人既想要爱，却又畏惧责任。

在存在主义心理学家罗洛·梅（Rollo May）看来，某些人乍看逃避的是爱，其实主要逃避的是与爱相连的责任。

特克尔说："数字化的社交关系和机器人恰恰为我们制造了一种幻觉：我们有人陪伴，却无须付出友谊。"

社交软件给予人们满足情感交流，同时避开某些责任的机会。那些爱是虚幻的，但感受是真实的，就像酒精、烟草通过化学物质让大脑产生愉悦感。

当更多人跳过爱的付出、纠缠和冲突等使爱升华的历程，直接索取愉悦感本身，乍看好像走了快捷方式，实际上却是让自己无法真正获得爱，只能得到类似的感受。

我们处在一个全新思维的时代，产生了一种新的"视觉盲"，这种视觉盲带来了"心理盲"。

某些人是从数码时代前走过来的，好比七零后、八零后。那个年代拍照得靠胶卷，冲印出来成了相纸，才能看见当初用相机做的记录。人们把相纸放进相册收藏起来，或是装进相框，成为家中摆设的一部分。

现在拍照很方便，拿起手机就能拍，好像我们迅速地看见了许多东西，每天浏览了很多相片。但真正留在我们心底的画面是什么？

美好的记忆中，哪些是真正能代表我们生命的印记？哪些才会让我们在多年以后，对孩子，甚至孙子陈述自己当年的生活时，能够欣喜地告诉他，当年我们是这样活着？

这种感受又像阅读，当我们静下心阅读一本书，我们和书本处在一个时空中。我们很专注，在文字中放大自己的感受，去体会与了解书中描述的意义，就像我们是导演，我们在阅读一本剧本，然后把每一行文字化成心中的每一帧画面。

当我们沉浸其中，沉浸在书本中，我们真正“得到”这本书。而不是想象我们能够得到，或是让别人告诉我们得到之后会如何。一种是我们自己的直接感受，一种是我们想象我们能得到某种感受。

当我们沉浸在爱中，我们真正“得到”爱，包括爱的愉悦、苦涩、酸楚、麻辣和刺痛等。而我们不仅仅是感受，我们和爱的对象互相陪伴，在快乐的时候同乐，在悲伤的时候互相扶持。

我们感受彼此真实的体温，而不是想象。

方法

当我们过分依赖眼睛，我们就会遗忘其他感官的感受。当我们过分依赖感官的感受，我们就可能遗忘内心的感受。当我们过分注重内心的感受，我们又会反过来失去与感官的联系，进而封闭自己。

感受是好的，对内对外都是，就怕一些源自恐惧的感受，使我们封闭，使我们失去人生的方向。

现实生活中，我们可以通过写作的方式，练习深化我们的感受，并使内外感受的沟通与表达趋于一致。

我们可以做以下的练习，这个练习只是利用我们原有的生活方式，“换个方式发朋友圈”。

这里补充一点，叙事治疗或任何的心理治疗，如果使一个人和他现有的实际生活完全脱节，或许短时间内会让这个人有崭新的感受，但不见得能让这个人解决具体问题。

就像一个人长期操劳，给他一个假期，他当然会很愉快，但如果操劳的原因没有解除，那么假期之后一切依旧打回原形。

无效的心理咨询，就像长期操劳的人获得短暂的假期，短时间好像有效，实际上那只是和问题之间暂时屏蔽的效果。

所以随着一段咨询关系的深入，可能会带来咨询师与来谈者双方的拉扯，甚至有时会有冲突与矛盾，但只要在正常范围，在适当的时机点，对咨询便有帮助。

如果咨询师永远在讨好来谈者，就像一个人有身体健康问题，但他感觉治疗痛苦，于是跑去按摩。按摩当下可能让他感觉舒服，但他的身体需要治疗的地方却继续拖着，进而恶化。于是他只好一而再，再而三地找按摩师。这和身体疲劳，仅需按摩就能舒缓、调节的情况不同。

回到正题，下面就谈谈这个练习的方法，供读者操作与反思：

1. 把图片改成文字。

当我们拍下照片，想要和过去一样直接分享在朋友圈、微博或其他平台，我们可以试着用文字的方式去描述场景。

2. 从以文佐图，到以图辅文。

这是一个渐进的过程，刚开始是图文并列，文字是图片的说明，接着我们的文字逐渐超过图片，让图片成为文字的参考，这时我们仍停留在感官的层次，表达的还是感官的内容。

3. 从记叙文到抒情文。

我们开始练习更多地去表达感受，感受是超越纪实摄影之外，更多发自内心的想法。这时我们需要的不是对当前的画面有多少描述，因为我们已经能够充分描述感官感受的细节，我们更需要的是去尽可能深刻感受内心，描绘内心感受的细节。

4. 放下照片。

这是一个比针对照片去写作，更注重“关系”的一步。我们不是在看图说故事，而是放下要说故事的念头。当眼前很美，我们不要着急拿起相机去拍摄，然后着急要写故事，而是好好去体察眼前的美景，让美景深深进入我们的心。等到我们回头想要写了，我们再反刍。

结语

有时当我们以为看见了，其实看见本身就是一种错过。当我们沉浸在关系中，错过本身就是一种看见。

2-8
走进自己的生命

故事

汤姆是一位成功的企业家，上海、北京、海内外都有他的资产。他只有一个身体，却同时拥有好多间房子。

对于爱情，汤姆不敢奢望。当他没钱的时候，他认为自己不配拥有爱情，认为不会有女孩子喜欢穷光蛋。当他有钱了，他又开始疑神疑鬼，认为无法从身边女孩子的表现，了解她们究竟是喜欢自己，还是看上自己的钱。

到了快要退休的年纪，汤姆开始感到孤单，他想要有个孩子。到了美国，他打算花一笔钱，用自己的精子配一个优秀的卵子，请一位身强体健的代理孕母，创造出一位身心健康，甚至基因优于常人的孩子。

在一切程序完成后，汤姆回到国内，继续忙碌他的工作，几乎忘了自己曾经在美国打造了一个孩子。

十个月后，汤姆收到医院的来电，告诉他孩子生下来了。汤姆很兴奋，立刻订了机票，要和自己的孩子见面。

在飞机上，汤姆很雀跃地和空姐，还有身边的乘客分享他的喜悦。机长得知消息，特别请空姐开了一瓶红酒，送给这位新科父亲。

喝了酒，汤姆在飞机上沉沉睡去。

汤姆做了一个梦，他梦到自己变成一头鹿。他在树林里吃草，然后有个长得跟他很像的年轻人，拿起猎枪对着他。

“我是你的父亲！”汤姆狂叫，但他的叫声消失在空气中，只听得见鹿的嘶鸣。

汤姆在梦里中枪，在现实中醒来，他发现自己不小心打瞌睡，瞌睡中把红酒倒在身上。

下了飞机，汤姆没有赶往医院，而是坐在候机楼，回想自己这一生有多孤独。

心理

本篇是第二章的小结，在第二章我们把自我觉察的形式进行了讲解。自我觉察不只是对具体事物的记录，也包括那些难以言喻的部分。

比如我们可以跟开头的汤姆一样，他可以跟别人介绍自己生意有多成功，但他该怎么倾诉自己的孤独？更何况一度他没有发现自己内在的需要。

就像我们常说生存是第一要务，如马斯洛的需求理论，自尊或爱都是满足基本生存需求后，更高的层次。

但我们不该误解马斯洛的理论模型。因为各种需求其实同时存在于每个人身上，只是有时某个部分特别被激化，导致我们的焦点放在这个部分，弱化了对其他部分的注意力。

从叙事治疗的角度，我们的人生，有点像是在完成一本自传。

但我们要写的，不仅仅是对于具体自我的说明，还包括我们怎么去跟孩子谈论我们是怎么样一个人。

这本自传能够代表我们，让别人理解我们是什么样的人，干成哪些事，让我们的后人，得知他们传承的是什么精神。

更重要的是，我们怎么了解自己，了解多少。

有多少时刻我们惴惴不安，但我们却始终没有去面对这个部分，以至于连墓志铭都虚伪得可笑。

如果当我们试着书写自己的故事，我们遗憾地发现，回首这一生，貌似没有什么可以书写的东西。

能够交代的信息并不多，贫乏得连自己都看不下去。

那是因为很多时候，我们并没有真正进入自己的生命，也没有发挥出自己全部的潜能。在生活中，我们一天接着一天，任凭时光流逝。

这一生活得毫无激情，就像冬天的叶子，还没老去就已飘零。

哲学家罗素曾说：“我从未见过活着的年轻人。”

罗素在诉说的，正是一个时代的现象，很多年轻人明明在一个很有朝气的年纪，内心却没有燃起对生命的希望。他们日复一日，就像在等死。他们不知道生命的乐趣在哪里，也找不到属于自身的幸福感。

换言之，许多人没有真正投入在自己的生命之中。

这让我想到心理学家米哈里·契克森米哈（Mihaly Csikszentmihalyi）谈的“心流”（flow），指的是一个人完全沉浸在自我的活动当中，并且享受这个活动本身。

好比当一位演奏家极度专注，完全沉浸在演奏之中，他感觉自己的精神已经超越肉体的限制，达到一种极度的精神高潮，忘却时间与空间的限制。

在心流这个字眼出现之前，还有一个类似的概念，是马斯洛提出的“高峰经验”（Peak Experience）。

无论是高峰经验或心流，其实都可以追溯到中世纪神学，乃至希腊哲学所说的“神魂超拔”。

好比通过欣赏艺术，譬如希腊悲剧，可以达到神魂超拔的境地，使一个人的心灵得到洗涤，达到高度的精神满足。

有些人在谈自己的人生经验时，毫无任何满足，他和自我仿佛是隔离的，他并不厌世，却对人生有气无力。

我想起一个故事，学者胡适和禅学家铃木大拙之间的争论。他们曾经就禅学进行过很多年的争论。

最后铃木说，我和胡适之间不可能有一个共识，我们也不可能说服彼此。因为胡适站在科学的角度、理智的角度来看禅是什么，他是在研究禅、解剖禅、分析禅。

假如神魂超拔指的是达到精神高潮的体验，那么还有个词，指的是指向高潮的心灵活动，就是“热情”（Passion）。

在基督教中，这是一个复杂的词，也是一个很单纯的词，指的是对于上帝的爱，并同时沉浸在上帝对人的爱中。

这种爱使一个男人成为了施韦泽①。这种爱使一个女人成为了特蕾莎。

从某个角度来说，当人们在精神上需要慰藉的时候，那不是简单从一种理性的层面去思考，必须要真正地进入到生命之中，我们才能感受得到。

正如心流这种体验，如果未曾身在其中，如果未曾把自己完完全全地交托在自己热情之所在的事业上，光靠理性推理或想象，或许无法体会那是什么样的感受。

所以当我们试着思考自身是什么样的人，当我们想要给自己书写一本自传，如果我们没有激情，只是试着用理性去反思与整理，我们永远不可能看清自己。

---

① 阿尔贝特·施韦泽是二十世纪著名思想家，一位著名学者以及人道主义者，于 1952 年获得诺贝尔和平奖。——编者注

正如当我们说某些人好像就只在乎钱，他们在乎的可能不是钱，只是他们没有找到能够弥补焦虑的东西，而社会又老宣扬各种钱的好和可靠，使得他们也只好把目标放在钱上。

叙事治疗，就是要把我们对于一切的观感，放回到我们自身，用一种高度的热情去看我们自己，并且用高度的热情去生活。

如果我们失去热情，找回热情就是疗愈的第一步。而要找回热情，首先我们必须承认我们在生活中失去热情的那部分，不要继续掩耳盗铃。

如果我们对婚姻失去激情，我们要承认，否则我们便无法试着面对问题，去问为什么这份情、这份感动会消失。

所以在咨询中，如果感受不到和来谈者之间有情感上的流动，咨询就会变得很困难、很冰冷，好像随时大家都会在这股寒风中睡着。

如果我们对待自己也是如此，那么我们就会随时因为自己内心的冰冷而感冒。

第二章　总结

向内观照，要观照的对象就是自己内心的这股热情。那是一股能量，不只是喜怒哀乐的情绪，也不仅仅只是梦想或欲望。

热情是我们想要耗费一生投入的事业，也许是获得完整的爱，或者是得到永远的平安。

唯一能点燃热情的方式，就是去做，做到我们忘了周遭的杂音，我们才有可能真正看见连自己都没看过的自己。

这时，我们才能说，我懂我自己。

第三章

世界真的不公平吗？

我们对自己知道多少？有时，我们对自己所知悉的，可能只是一些外在条件。有些人服膺外在条件，满足了这些条件，却没有真正去聆听自己，了解自己，即使他做到了，他依旧是自己的局外人。

3-1
楔子：分手后，我选择去整形

前言：直面黑暗

承接前两章，本书第三章（3-1 到 3-8）更多着重在：重新梳理我们因为思维固化而导致的心理问题。

对这些心理问题如果没有一个全新的认知，我们很难打破这些自己给自己设下的陈规。按叙事治疗的说法，就是“重新书写我们的生命故事”。

这个书写一方面是具象的，通过叙事的写作与表达；一方面也是抽象的，因为我们必须能真正建立起一套新的理解自身故事的系统，我们挑出这些经常囚禁人们的思维谬误，然后一一加以破除，并且相信我们有创造新的生命故事的能力。

故事

分手第九天，我给自己安排了一趟散心之旅。

旅行的目的地是首尔，想改变一下自己的容颜，让自己变得不一样。虽然很想隆胸，就像他现任那样，可是我怕痛。

到了首尔，接机的是阿政，在韩国读心理学的研究生。

见面第一天是观光客行程，第二天诊所热身，医生拿出电脑，给我看了很多中国人来这里整形的范例。

我的预算不少，毕竟当初为了买房一起存的钱，用不到了。

我躺在手术台上，觉得好冷，觉得自己好没用，因为我在想他。

术后前三天，我住在医院，后面十四天都住阿政家。

他的房子是我在airbnb（爱彼迎）上找的，很便宜。他白天上学，我帮他看家。

他的家充满一股宅男的腥味，也许对某些人来说这就是青春的滋味，促进交配的肉欲荷尔蒙。

当然我也没有什么资格说他，我是个宅女，人生多数时光都在房间里腐烂。原本以为有天能跟臭豆腐一样，腐烂出一点香味，最后却成了过期食品。

当我从阿政屋子的窗户看出去，所见景象和在北京如出一辙，楼房、楼房、楼房，就像一座座的灵骨塔，好多人都跟我一样，还没活过就死了。

通关前，阿政问我会不会后悔在脸上动刀，我说不会。

因为那天我在电脑中看到一组术前术后照片，虽然照片的眼睛加上黑线，但我还是认出照片上的人是我前任的现任女友。

当我想象她可能也在一间充满腥味的房间待了十四天，也曾经抱着手术失败也无所谓的麻木感，我发现我不恨她了。

心理

人本主义哲学家弗洛姆（Erich Fromm）在《逃避自由》（*Escape From Freedom*）一书中说，人之所以产生“自我意识”，就在于人对“归属感”的渴求。

这意味着，我们知道自己是谁，或者我们想要认清自己是谁，就像《黑客帝国》中的主角尼奥，不是因为我们天生就对“我是谁”感兴趣，而是因为只要我们活着一天，就得面对一天的孤独。

归属感的反义词，就是“孤独感”。

那么什么又叫“感”呢？“孤独”和“孤独感”有什么不同呢？

这里就牵涉到心理学，亦是哲学的核心问题：“我是什么组成的？”

现代基于神经科学的心理学，可能会告诉你：“我是物质构成的，除了身体别无一物。没有灵魂，也没有心智，有的只是大脑活动。”

但这还不足以说服我们去了解，为什么大脑的活动会形成一个自我的意识，这个自我意识会心痛，会想要自我毁灭，但同时又能在极其糟糕的环境，比如遭受凌虐与暴力的家庭中咬牙活下来。

当一个人说，我是孤独的，不代表他成了孤独自身，而是他的孤独感起了作用。

孤独感是一种内在感受，是一种我们感觉自己没有归属，像是浮萍，或是孤儿一般的状态。有时可能我们真的如此，我们因为被抛弃感到孤独；有时并非如此，就像我们其实被呵护，却感受不到呵护的温暖，又像老人痴呆伴随的健忘症状，我们明明吃了一顿饭，却忘了，感觉还是很饥饿。

所以当我们的归属感没有被满足，我们的心灵就处于一种饥饿的状态，饥饿的感受就是孤独感。

这就是“我”的有趣之处，人的自我总是一体两面，就像精神科医师方热（Frédéric Fanget）在《从自我苛求中解放出来》一书中所说：“每个人都像是一枚硬币，有正反两面，有消极的一面也有积极的一面，两者不可分割，共同组成一个完整的人。”

人永远是矛盾的，就像硬币是一体两面的。

比如开头故事中的女孩，失恋让她痛苦，痛苦让她试着想要改变。整形是她为改变自己采取的一种方式。这种方式并不能改变过去，改变和恋人分开的事实，但有时我们需要的是转移，是一种为过去画下句号，好让新的生命段落继续书写的具体行为。

有时我们呈现积极正面的自己，有时我们呈现消极负面的自己。有时我们应该快乐，却感到不快乐；有时我们明明有人守候，却感到孤独。

有时我们明明一个人，却感到生活充实、愉悦和丰富。

生命就是在这些尝试之中，看见自己的伟大与渺小。且唯有尝试，才能打破浮想联翩的思绪给我们带来的限制。

终究孤独与归属，快乐与痛苦，很大的程度掌握在我们自己的心灵之中。

在我们的心灵之中有股内在动力，使我们的心灵能够自在遨游，在囹圄中依旧能像鸟儿般自由飞翔。

然而，当我们试着往内在去寻求，为什么有时我们什么都找不到？

一个可能是，我们在寻找的是孤独、归属，这些固定的、既有的、僵死的东西。

而不是孤独感、归属感，这些在我们体内流动，并且能够成为我们发于体外、化为行动的内在力量。

另一个可能是，我们在逃避。

我们在逃避硬币的反面，就像我们只要归属感而拒绝孤独感，却不晓得这两者实为一体，谁也离不开谁。如果我们硬是要把他们分开，等于把自己给撕裂。我们将活在一种幻想之中，幻想自己是个永远不会感受到孤独的外星人。

然而，无论是正面或负面，归属感与孤独感都充满能量，这些能量能被我们所用，或是击垮我们。

我们得去学习感受这些内在能量的流动，然后试着用它们来建构理想的我们，哺育我们的自我意识日趋完善。

所以我们要做的，就是试着去接纳我们人性中的渴望，渴望得到归属感的满足，因为只有当我们正视这一点，我们才有可能看见真实的自我，而不是把自我这一部分割裂出去，假装那些质量都不属于我。

即使我假装硬币的反面不存在，事实上它还是存在。

就像假装孤独不存在，假装没有感受到任何东西，或者为了不要触发孤独感，我们远离了人群，然后我们就会被内心更大的黑暗与空虚淹没。

最后，我们对自己一无所知，只剩下挥之不去的饥饿，直到我们疯狂。

结语

哲学家利科（Paul Ricoeur）说：“我们是自己的‘陌生人’。”

3-2
傲慢：你赢了，我们输了

故事

娜塔丽是世界上最美的舞娘，每个来到王城的人都想一亲芳泽。

大家抱着崇敬的心去看待娜塔丽的舞蹈，因为她的舞技高超，所以她每年都得到祭司的钦点，在神明的生日那天，为神献舞。

有一天，野人攻进城里，他们捣毁了寺庙，俘虏了城里的男女老幼。

娜塔丽天天幻想重新回到舞台，让所有人都能够沉浸于她的舞姿，并且她深信，只要给她这个机会，她将虏获野人头目的心，重新获得失去的地位和荣耀。

在野人头目的生日宴会上，娜塔丽向头目表达想要为他献舞，庆祝生日的心愿。

头目答应了娜塔丽的要求，她重新换上舞衣，于众人面前再次展现她优美的舞姿。

舞台上，娜塔丽耀眼如昔，就像在黑暗中猛然划过的流星。

头目看得痴了，当场送上一双金舞鞋。

头目的妻子很吃醋，派出杀手要杀她。

娜塔丽知道自己不可能逃走，请求杀手让她跳最后一支舞。

杀手答应了娜塔丽的请求。

娜塔丽用尽所有的力气，疯狂地跳起舞来。杀手被娜塔丽对舞蹈的痴迷感动，放了娜塔丽一条生路，代价是永远放逐，不能回来。

她没有走远，想起心爱的金舞鞋还在家里，于是偷偷回家去拿。还没走到家门，就被头目妻子派出的另一位杀手，取走了性命。

心理

人活着很累，因为我们无时无刻不是处于生存的考验之中。

在呱呱坠地之际，有些婴儿连啼哭的机会都没有，早早离开人世。有的孩子出生就有残疾或疾病，他们的人生比起常人，开头就增添了一分苦难。

我们无法选择父母，也无法选择人生旅途初期，当我们懵懂无知时会遇到的成年人。有人年幼遭受父母的虐待，或是外人的强暴，他们的心灵很早就被划上一道大大的口子，当中有些人得用整个后半辈子来疗伤。

谈这些，主要是想对傲慢这个词，先行做出一个非典型的解释。

日常生活中，我们会碰到一些傲慢的人，但并不是每个傲慢的人都会让我们生厌，有的人很傲慢，但因为他的实力出众，或者我们有求于他，以至于我们非但承认他的傲慢，甚至生出崇敬。

这种感受其实是原始的，毕竟在演化之初，我们都是动物，动物生存的世界弱肉强食，我们屈服于强者的统治，就像在动物园中，我们看见猴群如何屈从于猴王。

当我们面对生存的考验，我们的本能往往有两种反应，“战”或“逃”，也就是防卫或逃跑。

随着演化，人类拥有远胜一般动物的大脑，我们懂得使用语言和工具，因而能够统治这个世界。但人类依旧很脆弱，我们的身体还是会流血，心灵还是会受伤。

到了现代，我们面对即将来临的痛苦，还是会有类似于演化初期的反应，毕竟我们还是动物。

其中一种反应，可以说是战或逃的延伸，就是“认知失调”（Cognitive Dissonance）。

人有一种维持平衡的本能，这些平衡包括大脑与心灵。还有一个例子就是白噪音，我们的大脑会自动过滤听觉感受到的重复频率；视觉不会因为一下子涌进过多的物体，就失去对少数事物的专注，诸如此类的能力，都能避免外界过多的干扰。

同样地，我们也有保护心灵的一套方式，当我们面对过于强大的冲突与考验，就会自行寻求解释，好保持内心的平衡。

认知失调，就是来自这样一种保护机制，其中主要又有两种惯性：

1. 忽略。

当我们发现自己的看法和他人有很大的出入，我们可能会下意识地忽略别人的看法。

例如身边的人都告诉你，你的男友是个渣男，但你很爱他，更害怕他的离去会对你造成伤害，这时你可能会忽略身边的人的看法，以及他们提供的证据。

2. 合理化。

我们的理智不是万能的，正如古希腊先哲亚里士多德所说，理智有时是我们作恶的工具。就像诈骗犯，他们用理智损人利己。

当我们遇到可能对内心造成伤害的情况，我们可能会合理化实则不合理的情况。譬如前述渣男的例子，可能这个女孩子非但会忽略旁人的提醒，还会自己合理化男友种种忽略自己、伤害自己的行为。

有了上述的理解，我们才能更好地了解傲慢。

娜塔丽以为自己能够感动任何人，有恃无恐，这是不是一种傲慢呢？傲慢跟自信又要怎么区分呢？

傲慢是一种自我防卫的机制，它使我们认为自己是独一无二的，保持对自我认知的辨识度，乍看和自信很像。

但傲慢是过分自信的表现，是与自卑相对的另外一种极端。

尤其对于自己的弱点，常会试图合理化，以逃避现实中的其他解释。

所以傲慢的人听不进别人的意见，即使他听见了，他也没有办法真正接纳他人的意见，因为对他来说，任何自我怀疑都是一种自我伤害。

比如对于欣赏舞蹈的人来说，娜塔丽的美是得到他们认可的，她对于自身舞技的信心和认可她的人之间有一个共同的价值与信念。

但对舞蹈不感兴趣的人，或者像故事里野人头目的妻子，她更在乎的是丈夫的忠诚。在她的价值体系下，娜塔丽引以为傲的舞艺，却是有可能夺走她所珍爱的丈夫的毒药。娜塔丽无法认知两人之间的差异，仍用一贯的自我认知怠慢外界的变化，最终使她失去了性命。

此外，傲慢的人并不坚强，尽管他们有时看起来态度强硬。

相反地，他们非常脆弱，以至于往往经不起任何质疑，包括自我怀疑，不然他们的心将惶惶不安。

傲慢和自卑，都会使人走入自闭的、与外界隔绝的封闭处境。那是一个幽暗的角落，容不下其他人。因此自卑与傲慢的伤害，在于他们可能使人最终都走到了一个幽暗的角落，好保护自己不受伤，却同时使自己失去获得他人救援的机会。

方法

化解傲慢，正如前面所述，首先我们要了解傲慢是一种自我防卫，它并非不好的，或者是一种强硬而顽固的偏见。

傲慢是柔软的，是为了保护自己，长期习惯下产生的一种认知失调。

所以当我们想要化解傲慢，其实要做的就是要先恢复我们的认知，了解我们对自己做了哪些忽略与合理化的防卫，并了解到底我们想要防卫的是什么，以及卸下防卫后，该如何与他人重新建立通畅的联系。

我们可以利用意义治疗学派的“矛盾意向法”（Paradoxical Intention），结合叙事治疗的方式，来进行自我对话。

当我们想要检测自己是否过于傲慢，我们可以这么做：

1. 写下你最近反对他人的事例。

包括：和我意见相反的是谁？你们争执的意见是什么？他的意见和你的意见分别是什么？最后你们争执的结果是什么？

2. 把这些事例往前追溯。

写下过去你印象中最深刻的一次争执，或是意见不合的经验。同样写下前述的几项事例，尤其是那些跟你意见极度不同，又很难驳倒的具体经验。

3. 回忆你当时被挑战、被质疑时的情绪。

好比愤怒与不安，然后我们试着设想对方是否也处于相同的情绪。如果很难，你可以试着站在对方的角度，反驳自己，进行一场脑内的辩论赛。

4. 从上述的历程中，想想我在“防卫”什么。

试图放下防卫去承认对方的意见，看看是否会产生我们一度害怕发生的结果（譬如被看轻，可能对方会伤害我们）。

5. 反思一下。

那个和你意见不同的人，你对他的感受、对他的评价，你们是什么关系。把焦点放在这个“人”，而不是你们争执的事情上。

6. 你可以带着这些想法和记录，去问问身边的人。

问问身边的人，他们的意见。你要做的只是“提问”和“记录”，不要试着在过程中去反驳。

7. 在下次你想要展现自己的强大，或是试着驳倒他人的时候，想想你做的练习。

从保持沉默开始，想想你的情绪，多用提问与记录作为关系的开场。

结语

傲慢无法证明我们是对的，也无法证明对方是错的。通常结果只是，对错早已不重要，但我们却失去了一段关系。

就像某些人在婚姻中，争吵的时候，他总是想要争个输赢，却不知道在这当下赢了，实际上却是输了。当我们把头脑放在“我要赢”，就会忘了“我们”的存在。因为有人赢，就有人输；有人得意，就有人伤心。

3-3
嫉妒：当我感觉自己变得丑陋

故事

东方的河神和西方的河神在打赌，他们赌：如果把不同的两种生物养在一起，让他们一起长大，他们是否能跨越物种的差异，变成朋友。

他们各拿了一颗蛋，放在两河交界的一片草丛里。

过了几天，两颗蛋分别孵化出一条蜈蚣和一条小蛇，他们一起长大。

刚开始，他们就像兄弟一般亲热，小蛇羡慕蜈蚣有那么多只脚，而蜈蚣羡慕小蛇有一条灵动的舌头。

他们会一起捕猎森林里的动物，作为他们的食物。

日子一天天过去，认为他们能变成朋友的东河神，喜滋滋地跟西河神宣告他的胜利即将来到。

西河神态度不急不缓，他悄悄地在树林中又放了一颗蛋，蛋中孵化出一条小龙，蜈蚣和小蛇见到小龙，都喜欢得不得了，争相要在她面前表现。

原本两人合作无间的狩猎，变成竞赛，甚至战争。

每当小龙对蜈蚣的表现给予鼓励，小蛇都会很嫉妒，觉得自己动作比蜈蚣机敏，打到猎物他的功劳比较大。

而当小龙对小蛇的表现给予赞许，蜈蚣也会嫉妒，他觉得自己不只嘴上有毒，百足亦能放毒，经常他打先锋，小蛇只是事后补刀罢了。

有天，小龙说想吃树林里的巨雕蛋，小蜈蚣和小蛇放弃合作，约定谁夺得巨雕蛋，以后谁就能霸占小龙，结果先后死在巨雕喙下。

心理

《神曲》作者，十三世纪意大利诗人但丁曾说：“嫉妒是人类的七大致命罪恶之一。”

因为嫉妒会促使一个人做出伤害他人的举动，但嫉妒往往是一种内在的情绪，可能和他人无关，而是自身中，自尊、自信、自恋与自卑的各种自我认知情感，出现强烈自我攻击的结果。

《牛津词典》对嫉妒这样解释：“嫉妒是由于怀疑、忧虑或知道有竞争者而产生的心理状态，在爱情中惧怕被别人取代，或对心上人忠诚的不信任，尤其对妻子和恋人。”

这些攻击，从《牛津词典》的解释来看，并不是出于一种企图征服他人的气魄，说穿了，只是一种对于恐惧的反应。

嫉妒的人，他们不知所措，不知道该怎么面对可能的失去。

在爱情的处境中，嫉妒伴随着对伴侣的不信任，这种不信任在于不相信伴侣会共同遵守承诺，共同“保护”关系。这个保护也包括对自身心灵的保护，使我们感觉自尊不会因为他人的离去而粉碎。

对于嫉妒，学者还做出两种区分：

1. 怀疑的嫉妒（suspicious jealousy）。

当我们对可能带来的威胁，并没有一个清晰的认识，只是处于怀疑阶段，便形成嫉妒的感受。

2. 事实的嫉妒（fait accompli jealousy）。

现实中发生违反承诺导致关系中断、关系疏离的各种事件所引发的嫉妒情绪。

然而，往往在嫉妒发生时，两种嫉妒混杂在一块儿，我们无法区分哪些是事实，哪些是自己的想象和过度推论。这也是为什么嫉妒的火焰经常越烧越旺，到最后使得人们的理性被嫉妒的火焰吞噬，最终做出报复他人或不理智的暴力反应。

换言之，处理嫉妒，其实就是在处理我们内心“害怕失去”的恐惧。

好比一个孩子恐惧父母把爱给了其他孩子，会不爱自己；一位员工恐惧老板把目光放在某位同事身上，会使自己失去未来的发展；一位男士害怕女友和某个男闺密太亲密，可能会失去女友的爱。

所以当我们面对自身的嫉妒，如果我们不面对自身的恐惧，也就是嫉妒的根源，很可能我们永远都无法从嫉妒中超脱出来，而会一而再，再而三地陷在嫉妒的痛苦中。

方法

尽管嫉妒可能会导致我们做出一些不理性的行为，使我们的内在饱受失去爱人、损失利益的痛苦。

但嫉妒并不全然是负面的，正如恐惧并不是一种负面的内在感受。

恐惧使我们懂得自我防卫，而嫉妒从演化论的角度说，是个体在生命传承的历程中，保有自己生存资源的重大方式。

所以当我们试着处理嫉妒的课题，我们不只是处理恐惧，更重要的是我们要厘清到底嫉妒背后所引起的“正向防卫”是什么。正如恐惧失去的反面，不是拥有，而是对某人或某物的喜爱。

喜爱是正面的力量，喜爱才是我们深深地愿意陪伴一个人的原因。

当我们害怕失去，进而恐惧，正是出于爱。因而处理嫉妒最好的方式，就是剥开嫉妒的壳、恐惧的外衣，回归到爱之中。

我们可以进行一种回溯式的书写：

1. 把我们嫉妒的情绪写下来。

注意要着重在感受，而不是脑袋想出的各种解释。

2. 把嫉妒的情绪，做个区分。

哪些是针对我们害怕失去的对象，用一种颜色的笔圈出来。

哪些是针对某个我们害怕会夺走我们所爱的外来者（譬如对他的诅咒），用另一种颜色的笔圈出来。

哪些是对我们自己的自我究责和攻击，用第三种颜色的笔圈出来。

3. 对我们害怕失去的对象，试着书写一份“爱的宣言”。

和对方谈谈对他的爱，以及我们害怕失去的感受，还有对于这段关系的想法与期望。

4. 对我们害怕的外来者，试着书写一份“利他宣言”。

这份宣言告诉我们自己，我们无法改变别人的想法，包括爱人或他人。但我们要做好准备，保护我们自己面对可能发生的情况。

5. 对我们自己，试着书写一份“利己原则”。

把前面我们写的各种恐惧，收在一只信封中。当我们嫉妒时，用以提醒我们，嫉妒的背后是恐惧，而恐惧的深处是爱。

我们面对嫉妒，是面对失去，是面对爱。

6. 我们以“爱”为核心，写下对于关系的原则。

这个原则基本包括一点，就是“不伤害”原则，不时提醒我们嫉妒、恐惧与爱的三位一体，使我们不因为嫉妒，而产生伤害他人的行动。因为伤害只会推开爱，而无法使我们守住爱。

结语

当我们遗忘了爱，我们便忍不住用嫉妒毁灭别人，同时毁灭了自己。

3-4
愤怒：世界真的不公平吗？对又怎样，不对又怎样

故事

刘丹是一位武士，至少他的前主子是这么称呼他的。但在他的故乡，乡里人大多叫他流氓，也有人视他为族人的耻辱。他没有赚钱的本事，抢夺别人的财物，用暴力让他们屈服，是刘丹生存下去的方式。

当天下大乱，他从了军，加入了一个地方势力。

没多久，刘丹加入的那个势力吃了败仗，他脱了队，一个人在荒山野岭狂奔，最后找到一户人家。那户人家只住着一位老人，老人招待他吃喝，而刘丹却起了歹心，他趁黑夜抢走老人家中少许值钱的东西，惊动了老人。

老人想阻止他，刘丹反抗，却失手将老人打死。

离开老人的家，刘丹辗转加入了其他势力的部队，一度也

有过风光的日子，衣食无忧。

几年后，刘丹再次吃了败仗，他身受重伤，勉强逃往一处深山，半路昏死过去。

醒来，他发现自己身处一户人家，主人是位在战争中失去孩子的少妇。少妇细心照料刘丹，容忍刘丹的霸道和各种情绪。

逐渐地，刘丹爱上了少妇，他动了想要成家的念头，不再醉心于杀戮。

某个夜晚，他向少妇告白。

第二天，他发现少妇不见了，只留下一张短信，诉说刘丹多年前是如何残忍地杀害她的父亲，她要刘丹一辈子活在悔恨中。

刘丹发疯似的想要寻找少妇的踪迹，却发现自己这些年杀过太多人，这些人都可能是某位少妇的父亲。

刘丹茫然了。

心理

愤怒是一种情绪的表现，医学研究显示，生气会影响我们的健康，经常生气甚至会折损一个人的寿命。容易动怒的人罹患心脏病、高血压、中风的概率比一般人高。

此外，短短发火十五分钟到半个小时的代价，可能使我们二十四小时笼罩在愤怒，以及愤怒相关的负面情绪里。

愤怒非但损害健康，还会葬送一整天的美好时光，影响心理健康。

进而，当我们带着怒气过日子，连带还会影响我们的人际关系，毕竟，谁愿意亲近一个随时可能把怒气发到别人身上的“不定时炸弹”？

这里也带出了愤怒议题的核心，愤怒是有害的。

尽管现代心理咨询强调，我们要正视所有的“负面情绪”。

也就是从某个角度说，没有所谓的负面情绪，所有情绪都有积极正面的一面，并且当我们把情绪看成负面的，往往就会压抑情绪，使得情绪无法释放，进而使情绪在我们的内心爆炸，使我们的心伤痕累累，甚至逐渐形成难以治愈的心理疾病。

杜克整合医学中心（Duke Center for Integrative Medicine）主任歌迪特（Tracy Gaudet）博士表示：“不被表达出来的愤怒，是妨碍身体维持最佳状态的一大阻力。”

但是如何表达愤怒，又是另外一门学问。

错误的表达，会成为某些人对无辜者施加暴力的理由。

哲学家努斯鲍姆（Martha Nussbaum）在著作《愤怒与宽恕：怨恨、慷慨、正义》（*Anger and Forgiveness: Resentment, Generosity, Justice*）中，从亚里士多德的伦理学观点，分析了愤怒，点出愤怒的代价就是“报复”。

当我们感到愤怒，我们会有伤害他人的欲望。

反之，某些人自残的举动，也是出于愤怒，当他们无法将伤害他人的愿望实现，便将之实现在自己身上。

此外，努斯鲍姆指出，愤怒是一种受压迫的情绪，是因为受到不公平的或错误的对待而产生的心理痛苦。

这种痛苦有两个层次，被伤害的直接痛苦是“第一层次”。因为被伤害而使我们失去对生活或对他人的安全感，使我们感到自己弱小，甚至因为受伤而觉得羞耻，则是一连串的“并发层次”。

所以报复之所以成为愤怒的连锁反应，就在于报复使我们占据了强者的位置，使我们内心感觉自己对环境，对他人，乃至于对自身恢复一定程度的安全感。

检视愤怒的整个发展过程，愤怒来自受苦，进而我们以报复的形式表达愤怒，但我们无法控制愤怒的代价，除非我们拥有一套适当的处理愤怒的方式。

比起纯粹的发泄，我们还需要了解并非所有发泄的方式，都能正确地处理我们的愤怒。

否则愤怒很可能只能得到暂时的排解，就像服用安慰剂，并不能实际上医治我们内心的创伤，所以很快我们又会再次陷入伤害，或者因为抑制不了的遗毒，导致毒发身亡。

简言之，愤怒就像一把利刃，原初用意是保护自身，最后却往往插在自己的心口上。

方法

美国临床心理医师史普林博士（Janis Abrahms Spring）在《教我如何原谅你？》（*How Can I Forgive You?*）一书中，提出面对愤怒最好的处理方式，就是“宽恕”。

乍看这是一个老掉牙的道德说教，但史普林所谈的宽恕，并不是要我们无条件地原谅他人，而是要我们学会“如实接纳”。

有些宽恕是无用的：

1. 强迫他人接受我们的宽恕。

等于将恢复自身健康的权力，交在别人手上。

2. 为了维持关系而勉强自己去宽恕。

因为害怕失去，而不得不宽恕。

3. 为了报复而宽恕。

好比有的人在感情中被背叛，他宽恕之后，屡屡用当初对方的不忠来讥讽他，伤害他。

如实接纳，要我们试着断绝宽恕他人的念头，因为我们无法控制别人与我们之间的关系，更何况当我们把他人视为宽恕的对象，这往往使我们为了复合关系而使我们无法真诚而完整地处理自己的情绪。

如实接纳，最核心的关键是要我们“宽恕自己”，正视我们的弱小，接受我们受伤害的事实。

接纳我与加害者之间的客观关系，了解与接纳已经发生的一切，克服报复的幻想，将焦点放在如何公正地解决。并把心力用于恢复自己、提升自己，而不是损害自己或他人。

在如实接纳的过程中，我们不需要紧抓过往的关系，不需要把恢复自身心灵健康的部分条件架构在他人身上。我们只需要照料好我们自己。

当我们运用叙事治疗、重新书写生命故事的方法，我们可以试着理出一个名为“愤怒时间轴”的图表：

1. 我们在纸上画出一条轴线。

2. 在轴线上标示时间段。

时间段上有引发我们愤怒的事件，以及后续一连串，我们有所反应、做出各种行为，以及情绪转折的时间点。

3. 给每个事件都加上我们愤怒的程度，给予零至十分的标记。

4. 把轴线的时间往后延长，想象我们往后一连串想要进行的报复行为。

5. 把每个想象的报复事件，想象时的愤怒程度，给予零至十分的标记。

6. 检视一系列时间轴，每个我们深感愤怒的时刻，我们是否感到快乐？

我们是否能从中改变过去？我们是否会错过某些未来的时刻，比如当我们醉心于报复，我们的时间和精力或许可以用在其他地方，使我们变得更好，而不仅仅用于复仇。

7. 仔细思考时间轴的末端，通往的是一个什么样的未来？

那里有我们的生命意义，有我们的生活目标。那么，我们的目标是什么？

结语

生活是属于我的而不是愤怒的。

3-5

懒惰：既然出身决定一切，我干吗还要努力

故事

老汤是一头猪，但他不是一头普通的猪，而是一头以为自己是人的猪。

老汤最喜欢跟主人一起散步，因为普通的猪不会跟人一起散步。

老汤喜欢用叉子和勺子吃饭，因为普通的猪不会用餐具吃饭。

老汤喜欢每个来看他，看得啧啧称奇的人，因为普通的猪根本没人想多看一眼。

但就在老汤三岁生日那天，他被宰了，做成各种美味料理，被端上主人的餐桌。

老汤上了天堂，遇到神，他问神：“为什么我没有办法成为人呢？”

神说："因为你生来就是一头猪啊！"

老汤："所以猪就应该活得像猪一样是吗？"

神说："对。"

神给了老汤第二次机会，让他投胎到凡间，再当一次猪。

这次老汤很认命，他跟普通的猪一样，拼命地吃、趁着闲暇交配，也不管什么美丑、羞耻之类捆绑着人类的道德信条。

然后就在老汤第二次过三岁生日那天，他又被宰了。

心理

对某些人来说，他们认为懒惰是人的天性，勤奋才是违反天性的活动。

某个角度来说，正是对于懒惰是天性，还是违反天性的判断，使得人们对懒惰有着不一样的态度。

好逸恶劳，好像是懒惰的代名词，但实际上我们可能误解了这句话的意思。

首先，懒惰不等于低效能，懒惰指的是不具效能。

有些人很努力，但效能很低，好比要我去修水管，我花上专业水管工三倍时间，恐怕也修不好。但要水管工花三倍时间来写心理科普文章，那可能也写不出个所以然。

这意味着成功背后的因素并不是懒惰或勤奋，还包括许多其他因素，比如智力、机运等等。

其次，懒惰这个词也很空泛，有些人生活慵懒，但不等于他是懒惰的。就像古希腊时期，苏格拉底认为从事哲学除了好奇心，更要有闲暇的时间。

因为苏格拉底是雅典公民，所以不像奴隶得花很多时间从事体力活儿，所以他有大把时间思考哲学问题。

苏格拉底表面闲暇，实际上是在进行深度的思考，以及与他人之间的对话。

再者，有时我们刚好看见的，恰巧是一个人休养生息的时段。就像有间咖啡馆的店员，她说好羡慕我，我好像每天都在喝咖啡。

在她看来，我是那么悠闲，实际上只是我在每天十几个小时的工作之余，选择在咖啡馆放松，因此她老是看到我放空，却误以为那就是我生活的全部。

所以一个人懒不懒惰，有时候站在一个不了解其内情的角度，很可能我们的判断也会是错的。

那么懒惰到底是什么？实则，对于懒惰，更准确地说“是一种意志力不足的状态”。

这里所谓意志力，在心理学中又可称为“自制力”。

斯坦福大学神经生物学家沙波斯基（Robert Sapolsky）认为，人脑中前额叶皮质的主要任务，是引导人的大脑去做“比较困难的那些事”。

前额叶皮质又可分为三块，由三个区域构成，左上方那一块负责发挥“我要去做”的意志力，右上方那一块执掌“我不去做”

的意志力，而位于前额叶皮质中间区域的部分，则负责记录我们的愿望和欲求。

所以懒惰不只是“我应该要写作业，但我只想玩王者荣耀”。

懒惰包括想做却没有足够的意志力执行，也包括不该做的时候，我们无法果断放弃。

好比一个女孩的男友是个渣男，分手后还是经常纠缠她，却不愿意给出感情上的承诺。理智上女孩知道别再跟他联系就好，更不应该答应他发生关系的要求，可是每次她还是经受不住对方的哀求，让对方得逞。

此外，懒惰还包括我们明明有梦想，有想要做的事情，但我们却始终没有真去实现它们。

所以真正的天性，并非懒惰，而是意志力，是我们的天性没有得到充分的发挥，使得我们陷于该行动、该说不或该实现自我的处境时，我们的意志力欠了一口气。

方法

要想提升我们的意志力，抑制“懒惰思想”扩散，我们首先要了解以下几种情况，它们都会让我们的意志力大打折扣。

斯坦福大学心理学家麦格尼格尔（Kelly McGonigal）谈到，我们之所以意志力不足，可能需要注意以下几点：

1. 处于太疲劳的状态，这时我们的意志力往往会下降。

所以保持良好的健康、生活习惯，有助于我们提升意志力。

2. 给自己的放纵找借口。

好比在操场跑了两圈，就给自己一个大吃特吃的借口，结果越运动当然越胖。

3. 错把渴望当成快乐。

如果我们对自己太严苛，很容易会激发我们更大的需求反弹，就像饿了太久，反而容易失控猛吃，这让我们感觉吃东西的时候更爽、更快乐，于是我们就更容易为吃失控。并且，真正要减肥，需要的是运动，而不吃不喝只是徒增想要大吃的欲望。

4. 心情不佳，容易使我们向欲望投降。

当我们感觉自己没什么价值，我们更容易做出伤害自己的行为，放弃平时坚守的原则和承诺。

5. 孤独。

当我们欠缺同伴，欠缺温暖与爱，我们更难拒绝不好的瘾头，也更难在想要努力的时候，有人能给予我们足够的支持对抗懒惰。以写作为例，确实写作需要长时间一个人伏案工作，但那是在我有亲情、友情与爱情的支持下，方能全心创作。

进而，我们可以靠写作这么做：

1. 制定“表格形式”的生活作息计划表，且计划的内容要循序渐进，不要过分理想化。

如此一来，哪里欠了运动，就要在另外一个时段明确补充回来。另外，一个务实的计划，能使我们执行起来压力小，更不容易放弃。切记四个字，“劳逸结合”。

2. 把你这个阶段最重要的明确目标写下来，贴在平常最容易看到的地方。

通过这种方式，告诉自己在主要目标以外，其他小小的成果都是次要的，避免我们把时间或精力用在其他地方。

3. 我们想要的，不等于能使我们快乐的，很可能只是假想会快乐。

好比有些人以为结婚就会幸福，实际上结婚只是生活的一部分，也是人生问题的一部分。

4. 每天整理自己的心情，写成日记或札记，作为疏导压力和情绪的出口。

很多事情只在脑海想，往往会让压力和情绪在脑海中堆积得越来越多。

5. 为你的写作找一个阅读或聆听的对象。

这个对象可以是互惠的，让写作成为一种情感交流与认识自我的方式。

结语

懒惰只是意志力低下的状态，这意味着意志力从未远离我们，只是我们需要通过有效的方法，使意志力逐渐加温，以满足我们成就自我所需要的能量。

3-6
贪欲：我只看得见我没有的，却看不见我有的

故事

汉森是城里最好的铁匠，他能用铁打造出任何客户想要的东西。

他对自己的能力很自豪，所以他开出来的价钱也是最高的。偶尔有客户质疑他做出来的东西，还会遭到他的一阵驳斥。

奇怪的是，每当他越是把客户的品位数落一顿，客户就越是钦佩他，越是愿意花高价购买他的产品。

多年下来，汉森觉得这个世界上，不可能出现比他更厉害的铁匠。无论到哪里，他总是一副趾高气扬的样子。

有天，来了一位神秘的客人，他指定要汉森制作一款“奇特”的铁锅。这个锅的草图，把手一高一低，锅子的形状毫不规则，横看竖看都不怎么好用，也不怎么美观。

但这位神秘的客人出手阔绰，汉森想了想，不赚白不赚，就帮客人打造了这个怪锅。

过了一阵子，城里开了一间新的铁匠铺子，铁匠铺子的老板拿出之前神秘客人买的怪锅，那个锅上有汉森制造的压印。新铁匠铺子的老板拿着这锅，四处宣传汉森的手艺已经不行，竟然打出这样丑陋的锅给客人。

消息传开，汉森的生意一落千丈，没多久，他只得把城里的铺子关了，去其他城市找工作。

心理

“为什么人总是想要更多？”

这个问题乍看非常奇怪，一般我们认为人有贪欲，而贪欲是无穷的，如果有好的东西，想要更多是非常自然的，就像我们不会认为一个人有钱之后，就不会想要更多的钱。

一般而言，贪欲之所以对某些人来说无穷无尽，往往真正的原因在于：

其一，得到的快乐消逝太快，以至于他渴望快速补足新的快乐，所以他绝大多数时刻并不快乐。

其二，他不知道什么能使自己真正快乐，但他知道什么叫不快乐，他不断地索取只是为了弭平对失去的恐惧。

就像经济学家卡尼曼（Daniel Kahneman）发现，幼年贫困的人，受到幼时不愉快记忆的影响，会高估“未来假使有钱”能带来的快乐。

从社会现状来看，贫者越贫，富者越富也是社会的常态。2014年5月经济合作与发展组织的研究显示，美国全部劳工的所得中，前百分之一的人，他们的所得占了全部国民所得的百分之二十。

社会百分之九十的金钱，掌握在百分之十不到的人手里，贫富差距不断扩大，中产阶级逐渐消失，形成大前研一等评论家所言的M型社会。

这给社会带来了巨大的焦虑，人们手上的钱仿佛永远不够用，焦虑使人们不得不要得更多，但这不是为了使自己快乐，而是为了使自己的焦虑减缓。

从心理学的角度来说，贪欲是有限度的，因为获得东西的幸福感，并不会无限量增大，而是达到一个高峰后，就不再有任何幸福感的增进，甚至幸福感还会减退。

这就是所谓的“边际效益递减”原则，最常见的例子就是喝水。

当一群人刚运动完，十分口渴，这时原本只卖五块钱的瓶装水，开价十五块都会有人掏钱。

第一口喝下去的感觉很畅快，喝到第三口还非常愉快，但等到体力恢复，对水的渴望程度降低，这时跟着再喝两口水，便不会再有刚运动完，喝到前几口水的快乐。

当喝到肚子感觉有点胀，非但不想喝水，有人逼着喝还会给饮水者带来痛苦。

若是如此，某些人看似无止尽的贪欲是怎么来的？

贪欲和我们因为需求或者喜好而产生的欲望不同。

这里举个例子，把兴趣当工作，是很多人的梦想，但现实中貌似很难实现。

然而，往往一般人根本分不清自己的兴趣是什么，并且更多时候将“兴趣”与“嗜好”混淆。

简单来说，兴趣就是“你喜欢做，遇到困难，越做越有成就感，会想要越做越好的事”。

嗜好不同，嗜好则是“舒压的娱乐”，当我们压力很大，我们通过嗜好获得身心放松的机会。

对于电竞选手来说，玩游戏是兴趣，他们把兴趣做到极致，中间可以忍受长时间练习的折磨，好获得更高的成就感和快乐。

然而，一般人玩游戏只是在无聊又枯燥的生活中找乐子。

生活枯燥的人，往往会高估换工作能够带来的快乐。

所以当有些人误以为这种调剂身心的时刻，就是自己的兴趣，误把舒压的快乐，当成越挫越勇，富含成就感的快乐。

这很可能只是给自己挖了一个巨大的坑，辞了工作，却发现自己想要发展的兴趣，根本经不起挫折与现实的考验。

当新的工作压力来临，他就会发现，自己根本对手上的新工作毫无兴趣。

相反地，如果我们认清自己要什么，往往我们才真正懂得适可而止，而不会过分索取。

正如心理学家亚历山大（Bruce Alexander）的“老鼠乐园”实验，当独居的老鼠接受可卡因成瘾实验，它们的毒瘾会越来越重。

但是，如果让老鼠和同伴一同相处、玩乐和交配，那么这些老鼠对可卡因就不会产生多大兴趣。

贪欲也是如此，当我们的心灵空虚，我们就越是容易让自己变得对某些事物贪婪。

因为我们始终没有搞懂真正需要补充的是我们的心灵，或者是获得某种爱与温暖，所以无论花多大的力气去争取，多么贪得无厌，我们都无法真正满足，只剩下对贪婪的习以为常。

方法

我们必须知道自己真正想要什么，这个想不只是头脑想，还包括心灵上的渴望。

书写是一种很好的方式，但不只是去记录我们想要什么，而是记录我们想要什么背后的动机，就像在猜谜，只是谜题是我们自己。

其实做这个题目一点都不难，难的是我们是否真诚地面对自己。

第一步：

写下现阶段，自认最有价值的十项事物。不要写抽象的，或者未曾拥有的东西。

第二步：

假设现在遇到一个紧急情况，我们只能带走三项东西（人、事、物），你会删掉哪七项？

第三步：

在剩下的三项事物中，如果生命只剩下一年，你认为哪一项在有限的时间内，你想要得到更多？想要得到更多是因为拥有它会让你更快乐吗？

第四步：

如果第三步你的答案很明确，那么请思考该如何运用这一年，实现这个目标。

这里的思考要有具体行动，好比你想卖了车去学开咖啡店，请真正认真地搜集各种资料，而不是随便想想，最终要给出自己实现目标的具体计划，包括各种花销和风险评估。

第五步：

如果你对答案很犹豫，请重新思考前面两个步骤做的选择。

检视自己在这十项事物之外，你最想得到的是什么？为什么它不在你现在拥有的十项事物之中？

请不要考虑这个想法有多不切实际，或者多低俗变态，这里藏着你最深处的欲望，面对这项欲望，我们才知道过去我们追寻的，到底是满足自己真正的欲望，还是只是在服用某种替代的安慰剂。

然后，借鉴第四步，思考要怎么样让这个欲望进入手上最有价值的十项事物之列。

结语

贪婪是好的，前提是你没有被贪婪彻底支配。

3-7
性：如何安放最原始的激情

故事

许多老外周末夜晚最喜欢干的事，就是到酒吧街走走。

酒吧街得名，当然是因为一条路上全是酒吧。但这条酒吧街，当地男孩子基本不去，在本地男孩子口中，酒吧街叫作老外街，还有个不好听的名字叫国际交谊厅。

许多浪漫的故事，发生在本地姑娘和外国男子之间。

身为在这里工作两年的酒吧经理，小许看了很多。

“你不觉得这些女孩很傻吗？这些老外大部分待一两年就走，跟他们混有未来吗？”熟客李鸣说。

“人家为的是‘充电五分钟，通话两小时’，谁跟你谈一辈子。”韩玉是李鸣的红颜知己，李鸣向来对韩玉的调侃逆来顺受，这是他们不打扰彼此家庭的偷情方式。

小许一面擦玻璃杯，一面听着酒客们的对话，酒吧就像一座情绪垃圾场，大家通过酒精，松动脸上的面具，倾吐心中不快。

早上四点，小许整理好杯盘狼藉的酒吧。拉上铁门，才发现服务员米姬站在寒风中，像是在等他。

“你不是早走了吗？”

“我又绕了回来。”

小许不是笨蛋，他知道米姬的意思。

米姬来到小许的公寓，睡在那张散发着猫咪味道的沙发上。他们之间隔着一面墙，很难说清谁醒着，谁睡着。

没有人跨过墙中间那道门，也许他们都害怕得到答案。

心理

“性”（sex）在心理学视野，大体包括两层意义。

一个是“性别”，而性别又包括两方面，一个是生理性别，一个是心理性别。生理性别基本并不复杂，生理对于男性或女性有明确的定义，并可通过医学染色体的检测，得到具体的答案。

心理性别就复杂得多，心理性别更像是一种倾向，可以在一定程度上跳脱生理性别的限制，男性、女性、无性、双性等。

因此心理性别更像是一种自我认同，而生理性别与心理性别，结合成为一个人性别认知的整体。

毕竟对于心理性别的展现，还是要通过生理，也就是我们的身体去展现。就像一位男性认为自己是女性，他可以通过改变生理性别的方式，达成他自身对于身心合一的企图。

还有一些比较激进的无性别主义者，他们愿意采取阉割的方式，达到平衡与净化自我的心愿。

另一层心理学常见的意义，就是所谓的“性行为”。

性行为指的是用于满足性愉悦，或是繁衍后代的行为。这种行为不一定发生在个体，或者仅限于人类。

性别与性行为二者合一，我们对于性的整体面貌才能达到一个基本的认识。

从心理咨询的角度来说，性可以说是一种动力，这种动力是天生的，是我们成长的力量。

从婴儿到老年，这个历程实际就是在学习“如何更有效地认识，以及使用性动力”，建构出完整的性别角色。

如美国密歇根大学医学院荣誉教授弗雷伯格（Selma H. Fraiberg）所言，性教育的目的必须是：“教孩子实现自己的性别角色，让他（她）为自己身为男孩或女孩感到恰如其分的满意。”

至少在我的理解，从精神分析的角度看，性的动力可以转化，不只是用于性，还能用于生活的其他方面。

性更像是一种譬喻，而不全然指的是性行为。

性永远不是一种单一的力量，而是一种朝向各种方面进展的运动，这个运动的来源是父母，也就是通过性结合而诞生出来的继起之生命。

某个角度来说，结合本身就预示着孩子的命运。

这和性的动力也有关，当父母双方本身对于性的理解很匮乏，他们对于自身的性别意识并不清晰，也不知道自己的性别角色究竟是什么。那么这种内心的困惑，会发展成行为上的困惑，而父母行为上的困惑会影响孩子建构自我性别角色的过程。

举个例子，如果在一个家庭中，父母都将性视为羞耻的，拒绝去谈论性，教育孩子什么是性，那么他们对性的羞耻，连带通过孩子对父母的模仿，使孩子将性也视为是羞耻的。

如果一位父亲或母亲，他们的性别角色十分僵化，像是认为“男主外，女主内”才是好的结合，或是有着“女孩子肯定学不好数理”，或者“男孩子就是要穿蓝色的衣服”“男性就是要坚强”等等观念，那么这些刻板的性意识就会成为孩子建构性别角色的重要参照。

如果孩子自身对父母给予的观念无法认同，那么就可能产生对于性别认同方面的内在冲突，进而影响自我整体的内在和谐。

此外，谈性就不能不谈“爱”。

从儿童发展心理的角度来看，父母之间对于爱的表现，也是孩子成长中模仿的对象。

有些人认为性跟爱可以分开，指的是性行为可以发生在没有爱情关系的两者之间。

然而，跳脱出为了纯粹快乐的性满足，从性别角色建构的层面来说，性跟爱不能分开。

因为我们对自我生理性别，或者生理性别的认知，都包含情感的要素。

学者贝努瓦（Benoit）和帕克（Parker）曾发表过一篇心理学实验的成果，实验中，心理学家访谈了即将迎来人生第一个孩子的新手爸爸和新手妈妈，结果发现我们可以从新手爸爸或新手妈妈对于自我童年的陈述中，直接预测他们对待孩子的方式。

在性发挥作用之前，真正让我们能够安心，且用不影响健康的方式探索身体、发展性倾向的，是父母的爱。父母让孩子了解爱和性同样作为一种内在动力，如何相辅相成。

好比有些男性被赋予了“男人就应该在性方面主动，性能力是一个男人够不够男人的指标”，这种指标会被扩大，扩大为养家糊口，扩大为事业当如何有成等等焦虑的来源。

然后你会发现，这些烦恼当中没有爱，特别是爱真实的自己；只有性，或者以性为名的攻击欲。

简言之，性与爱在成年男女之间，依旧有着至关重要的作用，因为爱与性都会随着相关的经验，不断地形成我们的认识，“性”同样是自我成长与完善的一部分，而不仅仅只是关于性行为的讨论。

想起家里的小猫，海獭先生又叹了一口气。他举起手想拨拨头发，却感觉头皮一阵刺痛，他猛然一看，发现自己一手提着公文包，一手拿着帮猫铲屎的铲子。

——《我没有心，但我想要有》

约定的时间到了，小山想要跟 AA 联系，但他不知道 AA 在哪里。奇妙的是，他并不着急。

——《对生活感到麻木怎么办？》

刺猬妈妈拿着吸尘器，在屋内各处清扫。每次清扫都会发现许多宝物，孩子的交通卡、硬币或是小别针，中间家里养的宠物皮皮还不时来捣乱，要刺猬妈妈陪它玩。

——《楔子：走出“假性随和”的人生困境》

汤姆做了一个梦，他梦到自己变成一头鹿。他在树林里吃草，然后有个长得跟他很像的年轻人，拿起猎枪对着他。

“我是你的父亲！”汤姆狂叫，但他的叫声消失在空气中，只听得见鹿的嘶鸣。

——《走进自己的生命》

新铁匠铺子的老板拿着怪锅，四处宣传汉森的手艺已经不行，竟然打出这样丑陋的锅给客人。

消息传开，汉森的生意一落千丈，没多久，他只得把城里的铺子关了，去其他城市找工作。

——《贪欲：我只看得见我没有的，却看不见我有的》

荷多一直很自卑，直到初中的时候，他发现自己对数字特别有概念，他想到把大包装零食拆卖，赚取差价的门路。这件事被老师发现了，荷多被老师处罚，家长也被请到学校。

从那时起，他不再从同学身上赚钱，但也放弃升学，一心想着早点出去工作。

——《楔子：我渴望被理解、被接纳、被尊重》

大门外，一辆奥迪 A8 驶来。一位比少华年纪大上至少十岁、体重少说多了二十公斤的男子，坐在驾驶座上，女孩飞快地跑过去，上了副驾驶座。

车走了，少华看着车轮溅起的水花，他告诉自己，一切都很好。

——《正面：活出真实的自己……啥意思？》

阿德在抽烟，他站在离家两百米外的公交车亭，一个人享受着烟丝带来的愉悦感。

经常喂食的流浪狗，摇着尾巴在阿德脚边趴下，看不出是人在陪伴狗，还是狗在陪伴人。

——《挑战：像个批评家去写》

方法

我们的身体是个庞大的记忆库，包括所谓的“普通记忆”与“创伤性记忆”，身体会记住我们得到的快乐，以及被刻上的痛苦。

性是一种身体的语言，但语言背后的意识，才是使得这个语言是报之以歌，还是声声悲叹的来源。

我们可以通过以下的书写，来回溯我们性别角色背后的认知是否完全。

在这些方面有任何困惑、与伴侣之间出现观念上的差异，或是想了解性教育的父母，建议寻求专业的咨询师或医师的协助。

1. 我从小是如何了解性方面的知识的？

包括生理性别、心理性别与性行为方面的知识。

2. 我认为男人和女人的差异有以下这些……（尽可能列出来）

并说出这些认知来自谁，或什么来源（好比网络）。

3. 对于爱和性，两者我能区分得很清楚吗？

4. 和我的“重要他人”之间，我认为我是被爱着的吗？

5. 我的心理性别与性倾向，长期以来都很清楚吗？

如果有不清楚的，可以试着做长期的“性别笔记”，这个笔记是帮助我们去记录我们的身体与心理，与性相关的反应，包括对某位同性或异性的感觉等。

6. 我有（至少）一位可以认真讨论性的对象吗？

他是……（某某人），为什么和他讨论？我们都讨论……（某些议题）

结语

性像是一座湖泊，滋养许多生灵。有的在湖泊以外，有的在湖泊以内。有的停留，有的离开，他们之间微微共鸣，互相反映瞳孔中心，那无限静谧的深邃。

3-8
写一封遗书

故事

三天后，有一场本世纪最大的流星雨。

新闻已经连续一周都在谈这件事，各国的天文学家都很企盼，能够得到一些新的研究数据。

还有一些特别关注的人，他们是占星师，这几天靠流星雨谈各种命运、前世今生的话题，在网络上赢得了好多关注。

对一般民众来说，不过就是茶余饭后的一个话题，大家不懂天文，也不懂占星，日子总是要过，闲聊也需要话题。米米是一位外星人，他来到地球已经十五年了，靠着抢食野狗、野猫的食物过日子，只有他心底清楚，这根本不是流星雨，而是族人要来接他回家的舰队。

米米在地球上没有朋友，他受不了人类身上的味道，对人类的皮屑有过敏反应。这导致他只能跟人类以外的动物相处，偏偏这些动物智商很低，让米米非常痛苦。

流星雨那一天，地球上的人们引颈企盼，他们见到一条条红色的火焰，穿过天际。

米米的族人来到，他们见到米米，不敢相信他变成这副肮脏的样子。

“受了很多苦吧？”

“是的。”

“放心，以后你不会再受苦了。”

族人安慰米米，然后带着米米上了飞船。在飞船上，米米洗了一个澡，换上舒适的衣服，躺在松软的床上，他告诉自己：“我要回家了。”

米米回到母星，人们为他举办盛大的欢迎会。

然而，米米带回母星的，除了自己的身体，还包括在地球沾染的细菌。这些细菌是米米的母星未曾有过的，它们引起一场疯狂的传染病。

很多人都死了，包括因为自责而自杀的米米。

心理

本文开头是一篇寓言故事，有地球人、外星人和流落到地球的外星人米米。

我们不知道世界上有没有外星人，我们只能推测。但对真正的外星人来说，他不需要推测，他自己就是答案。

身处于真理之中的人，他的困惑与疑难都是真理的一部分。就像苏格拉底意识到每个人都是无知的，都有他的局限性。那些口口声声说自己什么都知道的人，他们其实什么都不知道。

我们对自己知道多少？有时，我们对自己所知悉的，可能只是一些外在条件。比如有的孩子为什么会焦虑，因为从小爸妈就告诉他，“成绩好才是好孩子”，于是当他成绩不好的时候，他就开始自责，告诉自己不是个好孩子。实际上，一个人好不好只靠成绩决定吗？或者说靠别人来为我们下定义吗？

有些人服膺外在条件，满足了这些条件，却没有真正去聆听自己，了解自己，即使他做到了，他依旧是自己的局外人。

然而，获取真理是有代价的，而散播真理同样代价不菲。

就像故事中的米米，他等待着回家的那一天，他也等到了。

但他从地球上带回了自己星球没有的细菌，米米的族人们没有抵抗力，所以他们死了。米米没死，可能是他在地球待久了，有了抗体。

历史上，出现了许多像苏格拉底、伽利略这样的智者，他们获得了知识，且试着将知识和族人分享，但族人却不领情，甚至将他们散布的知识视为毒瘤，有些人就在那个过程中死了。

在族人眼中，米米在地球沾染到的东西是肮脏的、不洁净的。米米的族人死于细菌，也死于对地球的不理解。

所以反过头来说，为什么米米的身体能够适应地球的环境?也许在某一刻，他真正地接纳了这个环境，横跨了两种身份，他既是外星人，又是地球人。尽管如此，他仍没有忘记他自己来自何方，想要的是什么。

当我们认清了自己是什么，当我们想要做自己，有时我们也会成为某些人眼中的毒瘤，所以要做自己并不容易。

从某个角度来说，这是一个精神病的时代，在幻梦与失落中，人彷徨地前行着。

这让我想起，当我们要诊断一个人是否有精神方面的障碍，一般最简单的方式就是依循“病与非病三原则”。

三原则包括：

一、主、客观统一性原则。

个体对外在真实世界的认知，和自己的认知出现不相符的情况。比如产生幻视、幻听，明明眼前没有苹果，却说有苹果。

二、知、情、意协调性原则。

原本难过时会悲伤、哭泣，遇到讨厌的事情会愤怒，但一个人出现了情绪、思想与觉知方面的失调。好比有的人精神崩溃，他对自己的痛苦却产生了大笑的反应，显示行为、情绪与认知之间无法协调。

三、个性的相对稳定性原则。

在没有明显且重大的干扰情况下，一个人的性格、情绪、观念出现了极端的改变，并且这种改变往往非常剧烈，反复无常。

三个原则，你不妨拿来检视自己。可能你会发现，按照不严格的标准，有时我们也会出现短暂的、貌似符合以上部分描述的状态。有点像是“失心疯”，不是真的疯了，是我们的心暂时陷入狂乱。

我们选择了什么样的存在原则，将决定我们怎么看待生命，以及死亡。

有人说，人一生会死三次。

一次是呼吸停止，身体死亡；一次是离别，关系死亡；一次是被人彻底遗忘，存在死亡。

死亡在日常生活中，不断侵扰我们的心，也许我们还在呼吸，也许我们的肉体还活着，但我们的心可能已经死去，或者我们在社会中宛如隐形。

智者西塞罗曾说：

> 人生的跑道是固定的。大自然只给人一条路线，而这条路线也只能够跑一次。人生的各个阶段，都各自分配了适当特质：童年的软弱，青春期的鲁莽，中年的严肃，老人的阅历，都各自结出自然的果实，须在它当令的时候予以储存。每个阶段都有值得人们享受的事物。

有些人身体还活着，精神却早已自杀。

启蒙时代思想家伏尔泰曾说：“不工作，和死亡是一样的。”

广义来看，工作并非是找个谋生的职业。工作的意义也包括我们实现自己的潜能，履行活在人间的使命。

当一个人放弃对于生命的热爱，形同放弃了明天。

他们不像西塞罗所形容的，不断在完成生命的任务，他们放弃所有的任务，变成别人游戏中的背景玩偶。

因此死亡除了身体的、关系的与存在的，还有一种就是我们放弃了生存的动力，放弃去探寻明天、建造明天的希望。

人生不再有希望，正如自然不再有四季，那一刻什么都不存在了。

因此，面对生命最好的警钟，就是让我们与死亡照面。

用哲学家海德格尔的说法，照面使我们无法逃避。

就像你特别不想和前任见面，偏偏你们又在同一栋办公楼，于是你计算他的活动路线，避开那些路线。但就是那么凑巧，有一天他无预警地出现在你面前，你们彼此照面，你无处可逃。

但照面并非不好，照面使我们真正有了活着的实感。

就像当我们逃避脸上的皱纹，逃避衰老，我们就逃避了活着的部分感受，部分自我。我们缩小了认识生命的范围，却以为这是一种进步，一种超越。

实际上如果我们看不见我们到底要超越什么，我们便什么也超越不了。

死亡的另外一层含义，是学会对生命的谦逊，因为如果我们有无穷的生命，或许我们可以学会关于活着的所有事情。

然而，我们永远无法学会死亡，因为死亡跟活着是绝对不同的状态。

但正因为死亡如此不同，使得我们不得不承认，有些事情我们永远不可能实现，我们的时间与精力都有限，我们是不完美的。

就像哲学家德里达说的：“承认自己的无知，并不代表自己真的一无所知，而是我们超越了绝对知识。”

所谓绝对知识，就是那些我们习以为常的知识。譬如某某国家的人是坏人，某某地区骗子多等等。这些绝对知识使我们相信某些真相，使我们活成某种性格。

但这种绝对知识并不是真理，当中包含许多谎言，就像历史只接受胜利者书写，爱怎么批评前朝，丑化手下败将，仿佛是胜利者的权力。

因此当我们承认自己在某些地方无知，我们才能杀死那些绝对知识架构在我们体内的病毒。

像是“女人不该进厨房”“找个有钱的男人”“父母一定是对的”之类的绝对知识，这些知识不会让我们真正活出自己。但要杀死它们，却可能会对我们造成生命危险，因为我们可能失去过去赖以维生的信仰。

尽管这就是代价，每个人依然需要做出选择。

对于那些放弃选择的人来说，他们便死了。

第三章　总结

第三章，我们谈了许多人性的黑暗面。当我们直面黑暗久了，仿佛就能在黑暗中看见一点光。

所以在第三章的最后练习，我们可以试着写下一份遗书，在书写的过程中设想，当我们面对死亡，我们是什么样的心境，死亡会唤起我们哪些想法。

所谓“人之将死，其言也善”。遗书中有我们对自己的总结，有我们最深刻的反省，以及我们最诚恳的话语。

这个练习的目的，重点就在于此，即我们怎么去看待我们这一生。我们平常有那么多的包袱，在面对死亡的时刻，我们是否愿意，试着用最大程度的诚实，去面对自己，表达自己。

一个连面对死亡都无法诚实以对的人，他的包袱有多重？害怕被人知道的秘密有多多？导致死神连一根手指都不用动，就能压垮他。

但死就是对自己的解脱吗？

希望你自己清楚。

第四章

从原谅到复原的旅行

和解是一种改变，动力是原谅。无法原谅彼此，关系就无法和解；无法原谅自己，自己就无法和解。改变的方式是“复原”，使我们不平静的心回归平静，这种回归不是让我们白活一场，而是在事情中学到教训，让我们从痛苦的情绪中，给予自己回归生活、提升自我的空间。

4-1
楔子：我渴望被理解、被接纳、被尊重

前言：倾听光明

通过上一章，对于人性、欲望与阴暗面的叙事探讨。本章回到正向、积极与光明面。这样的章节安排，是基于破与立是咨询中偶有先后，但更多时候需要齐头并进的策略。

我们一方面解构僵化的思维、固化的经验，使我们逐渐相信我们有能力改变，而不是永远是习惯的敌人、命运的奴隶。那么我们需要相信的，并非只是个人的潜能，更重要的是人作为社会性动物，身处的这个关系体系。

这个关系体系同时也是一个互助体系。用积极心理学的说法，就是凭借有意义的生活来获得幸福，而有意义的生活来自分享。从叙事治疗的角度，有时我们需要寻找生命的见证人，重新回归社群，我们才能真正走向康复。尽管心理治疗乍看是个人的，就像叙事中的写作仿佛是个体化，极其私密的，没有其他人参与的空间。

实际上，我们都不是一个人，我们生在一个社会，在一个绵延千年的文化体系中成长，我们和社群的连结从来没有真正的中断，只是我们需要重新寻回和社群之间彼此传递温暖的连结。叙事，能帮助我们学习获取连结的表达方式。

故事

荷多在小学四年级的时候，因为小儿麻痹，留下行动不便的残疾。

他一直很自卑，直到初中的时候，他发现自己对数字特别有概念，他想到把大包装零食拆卖，赚取差价的门路。

这件事被老师发现了，荷多被老师处罚，家长也被请到学校。

荷多的父母都在外地打工，平时养育他的是奶奶。

奶奶没读过书，也不识字，对老师说的话只能频频点头。荷多看见奶奶哭了，他感觉这都是老师的错。他们家家境不好，自己不偷不抢，凭实力赚钱有什么不对。

尽管如此，让奶奶哭是荷多最不愿意看见的，所以他不再从同学身上赚钱，但也放弃升学，一心想着早点出去工作。

到了城里，荷多才发现，没有学历和特殊技能，他根本找不到任何工作。最后他在一间酒吧干起保洁，有一天碰上老板怀疑会计挪用他的钱，给荷多逮住机会，用他过人的数学能力，获得老板的赏识。

几年后，荷多成了帮老板管账的一把手。

初中同学会上，其他同学还未脱稚气，多数都还在跟父母拿钱，只有荷多一身名牌。

大家看到荷多改头换面，对他的评价都很客气，说了很多好话，背地里却嘲笑他，甚至猜测他可能成了一个骗子。

这些话被荷多无意中听见了，从此他再也没有出现在同学会上。

心理

在前面的故事里，荷多的遭遇是许多人都经历过的。

明明做了好事，却被误解。明明不是某种人，却被其他人贴上标签。

当我们感到难过、愤怒或羞耻，他们并不在乎，他们只在乎自己的想法。

最后我们能做的，可能只能像荷多一样，愤愤离去。

这说明人与人之间的共同理解，非常困难。这也是心理学从古希腊的哲学开始，跨越神学、科学与非科学的占卜等领域，迄今未曾失落的研究领域，就是“了解另一个人在想什么”。

从心理学的角度，当我们在谈“心理”，这往往包含两层意义，一个是个体的心灵如何运作，或者从神经科学的角度说，一个人的大脑怎么运作。

另一层意义，指的是人如何和他人之间产生连结，也就是“人际关系”（interpersonal relationship）。

这种连结不是物理上的连结，就像球棒打在球上，产生了某种外在可以观察到的反应。而是指人和人之间，何以能产生认知、理解，所谓感同身受的内在活动。

这是一个很有趣的问题，经常发生在情侣之间，当一方对另一方说“我懂你”的时候，可能另一方会反问：“你怎么知道？”

或者当一方对另一方说“我爱你”，另一方却无法发自内心地相信。

就第二层意义来说，一般又牵涉到两个概念，“同理心”（empathy）与“同情心”（empathic concern）。

这两者乍看很像，实则不同。

从精神分析的角度来说，同情心是一种对外的投射，也就是同情心的发动并非来自对外在人事物的理解，而仅仅是被外在人事物触发的内在反应，并且也终止于内在的个别活动中。

譬如几位大妈在公园聊天，看见一位穿着特别性感的年轻女孩，她们对女孩品头论足，谈到女孩的父母可能疏于管教、女孩性感的打扮可能招致麻烦等等。乍听好像她们很关心这个女孩，为她着想，实际上她们所谓的“关心”全是各自的猜想、揣测。

相反地，同理心是走出主体内在的限制，走向客体，主客之间产生联系的一种活动。最常见的就是“感同身受”，当我们试着了解一个人，我们会将对方的处境代入自己的主观经验之中。

用哲学诠释学的说法，就是产生所谓的“视域交融”。

那一刻，就像电影《辣妈辣妹》（*Freaky Friday*）中，女主角和母亲的灵魂交换，使得她们可以用对方的视野，去理解对方的生活，而不是空凭自己的视野想当然耳。

这里我们就能明白，为什么有的家庭，家人之间明明彼此充满善意，关系却剑拔弩张。

如果家人之间使用的多是同情心，那么互相关心固然很好，但却很难避免用自己的经验过分推论他人的想法。

譬如世代之间，在不同的生活环境中长大，面对不同的生活问题，有时拿父母年轻时那一套想法，去理解孩子，很可能会出现不适用的结果。

好比晋惠帝的笑话“何不食肉糜”，晋惠帝试着理解百姓的饥饿，但因为他没有真正体验过一般百姓的生活，所以听到百姓没饭吃，竟问身边大臣，百姓既然没饭吃，为什么不改吃肉粥。

相反地，同理心更多地发于倾听，经过理性思维的作用，更好地从对方的角度理解对方怎么想，而不是自己怎么想。

同理心更关心自己施加给对方的善意，是否确实符合对方的需求，而不是自己的需求。

按梅耶（Richard E. Mayer）等学者的说法，同理心更接近所谓的“慈悲心”（benevolence），不以自利为导向，而以利他为优先；愿意为他人提供积极保护，而不仅仅给出承诺。

同理心也更方便我们承认自己的无知，因为唯有当我们愿意用对方的视野看事情，我们才会发现自己的视野多么狭隘。

多年前有部日剧叫《美丽人生》，当中有个环节便反映了同理心带来的视野变化，对于我们真正了解他人、合理使用我们的善意有多重要。

《美丽人生》的主角是位帅气的发型师，他爱上了下半身瘫痪的女主角。有次他们在散步，发型师突然蹲下来，脸凑得离女主角很近。

女主角本以为他要轻薄自己，没想到发型师突然说："原来110厘米的高度看出去，是这个样子。"

进而，同理心和同情心有个重大的分野，就是是否能够建立"相互依赖"（interdependence）的信任关系。

仅凭同情心，往往无法建立起真正的信任，因为双方之间并不平等，缺乏真正的尊重，具有心态上强者对弱者施舍的骄傲。

同理心，往往需要我们愿意躬身，放下过于肥大的自尊，好给理解与关怀更多空间，从躬身的缝隙中，填满双方的内心。

方法

检视自己的同理心与同情心，能帮助我们定位人际交往中，我们是否充分达成了对彼此的理解。可以在写作或者日常用语中，练习建立双方连结的表达方式，并从中检视同理心与同情心到底对我们的关系，以及我们自己的内在产生了什么影响。

1. 用“我”就别用“我们”。

用自己的意见说话，不要轻易假设自己能代表他人。人际关系的建立，依靠的是事实上的理解，而不是口头上的安慰。

2. 用“问句”取代“肯定句”。

先不要假设我们多了解他人，先听听他人怎么说。

3. 用“沉默”取代“争辩”。

沉默很有力量，因为当我们急着说话，我们便失去仔细聆听的空间。无论我们带有多大的善意，请尊重对方表达意见的权力。有趣的是，每当我们做到这一点，我们就会发现还好有些话没说得太早。

4. 用“接触”取代“假设”。

同情心泛滥的人，经常把自己的好意，当成大家的好意，在获得支持前自己意淫对方肯定会接受，甚至感激涕零。如果你总是对自己善意的举动有过多幻想，请多依循现实给予的反馈，而不是顺着幻想行事。

结语

“爱所有人，信任少数人，不负任何人。”

——莎士比亚《皆大欢喜》(*As You Like It*)

4-2
正面：活出真实的自己……啥意思？

故事

这天的雨下得特别大，眼看公司的同事都走了，少华坐在位子上，慢慢悠悠地准备今天并不赶着要交的企划。

如往常一样，少华在等雨停，他告诉自己雨势会越来越小。

过了晚上七点，办公室没剩多少人，眼看雨还没有减弱的迹象，少华拿出手机，想要点个外卖，打算长期抗战。他告诉自己，反正家里也没人等他。

少华订的外卖，半个多小时后被取消了。雨越来越大，连外卖小哥都放他鸽子。

少华收拾东西，到了大厅，大厅就剩他和另外一个女孩。

女孩穿着套装，从她穿着平底鞋以及鞋底磨损的情况来看，应该是个低阶的白领，还在跟早高峰的地铁对抗。

少华想要过去跟女孩攀谈，他犹豫了一下，就像过去一样，就像他等待雨停的那些时刻，他总是缓慢地展开每一个步骤。

不知道为什么，今天他想要加快自己的节奏。没用两分钟，少华就决定去女孩身边，问她要不要一起打车。

大门外，一辆奥迪A8驶来。一位比少华年纪大上至少十岁、体重少说多了二十公斤的男子，坐在驾驶座上，女孩飞快地跑过去，上了副驾驶座。

车走了，少华看着车轮溅起的水花，他告诉自己，一切都很好。

心理

我们都知道，诚实是什么，也知道不诚实是什么。

简单来说，诚实就是我们心口合一，所想与所作所为完全一致。

开头的故事，少华是个好人，但好人的内心也会有冲突，有天使与恶魔的交战。

人善于站在道德制高点上看事情，但站在道德制高点的人往往看不见自己。

当少华第一眼看见少女，他想要与之攀谈，倒不是出于勇气，而是出于“我高你低”的优越感。但优越感还不足以支持他下定决心，他内心的包袱太多，就像他一身西装笔挺、充满社会精英的符号。

可实际上，他也不是什么精英，他只是一位在办公室累得要命，听命行事的上班族。他心知肚明。

等到少华终于打算采取行动，少女上了一辆他梦寐以求的车——世俗成功者的象征。他注意到里面的驾驶者，那位男性，多于注意那位少女。

为什么呢？

因为比起聚焦于自己感兴趣的东西，人的视线更容易被让自己感到自卑的事物所吸引。

但是要承认自己的自卑实在太难了，这时给自己想几个貌似合理的理由，给予自己一点安慰，会让自己好受得多，即使这些理由烂透了。

从这个故事出发，引出一个咨询中常见的问题："为什么人会不诚实？"

除了刻意地想要伤害他人，或是保护自己不受伤害，背后更深层的原因是什么？

美剧《豪斯医生》中，饰演全科医生的豪斯经常说一句话："每个人都会说谎。"当他在和病人进行问诊的时候，他会用强大的观察力，去洞察病人没有吐露的实情。

这些实情，有些是病人刻意隐瞒，有些则是病人本身并没有注意到和病情有关。

我们一般称前者那种我们主观感知且确认其感知的活动为有意识的活动，后者为无意识的活动。

在咨询的情境中，对话是咨询师和来谈者之间建立连结的主要方式。

许多信息，所谓的真相，有时隐藏在没有表达的空间之外。但我们太信赖有意识的记忆，那些被我们经常提取的解释，使得我们有时误以为我们对一件事情，或是对自己的看法，就像我们认知的那个样子。

实际上，往往当我们开始为所见所闻，包括对自己的认知进行解释，我们就在失去对自己真正的认识。这也使得我们开始失去真实陈述自我的能力，使得我们卡在一个特殊的地带，像是说谎，又不像是说谎。

因为我们不知道自己说的内容正确与否，我们只是假装相信，或者盲目重复。

古希腊先哲亚里士多德曾说过，口中发出的声音是心灵陈述的象征符号，书写了的语言是口中言说的词语的象征符号。

我们经常不假思索说出的，才是真话。

书写，亦即经过思考、反省和添油加醋后，我们的话变得动听，就像会议上的领导讲话，或者演讲比赛的陈腔滥调，那些过分美化或腐化的语言，怎么听都“对”，也怎么听都“不对”。

现实生活中，每个人都是某种程度的戏精。用弗洛伊德的说法，就是每个人都受到超我的限制，超我包括社会上的道德教条、父母从小教育的家规。

童年时期，我们刚开始受到这些规范的限制，我们会不自在，会对这些规范特别有感觉。就像刚开始学习拿筷子，手指的每个动作都难以控制，却也令人感受深刻。

当我们学会拿筷子，如同我们将社会的、他人的道德教条内化，我们开始不用通过意识去行动，而是非常惯性地、以无意识的方式去生活。

这时我们就失去了自我，因为我们更多时间不是用于聆听自己的声音，而是被他人的声音塞满心灵的耳道。

这些声音和我们的本性相结合，是我们的力量之源，同时也可能是我们的软肋。

其中一项来自我们的自恋，从阿德勒的角度来说，自恋并不是不好的。相反地，我们要建立健康的自恋。健康的自恋包括自信、自重与自爱。

健康的自恋使我们能够正面看待自卑，好比有的人一旦面临可能失败的处境，他会急于否认和避免可能的伤害，这时他不会对自己诚实，而是给自己找一个放弃的借口。

拥有健康自恋的人，自卑会成为他充实自己的动机、学习的起点，让自己变得更符合自己的理想。

弗洛姆也有类似的看法，在《爱的艺术》中，他便谈到真正懂得自爱的人，更懂得爱别人。不爱自己的人，往往特别自私，也更难去和他人建立真正的情感联系。

另一项来自我们丧失了的倾听的能力，从叙事的角度来说，表达和倾听是同一回事。回到前面亚里士多德提到的，当我们说话的时候，我们同时也在聆听自己说的内容。

有时在说出去之前，想要说的话已经在脑海中过一遍，这一遍我们“听见”什么就显得至关重要。

许多人貌似会表达，口语能力极佳，实际上他们却未曾真正学会倾听。

在咨询中，如家族治疗心理师安德森（Harlene Anderson）在《合作取向治疗》中说的，决定咨询成败的关键，就在于“来谈者是否被咨询师认真对待，并视为有用”。

许多人听不见自己的声音，也听不见他人的声音，他是封闭的，使得他的生命没有被自己与他人认真对待。

他来到这个世界上，就像走个过场，无论华丽或简朴，回首来时路，记忆中更多的是空虚，就像一切都是一场梦。

方法

从健康的自恋，到认真对待自己的声音。

这一切都在告诉我们，我们必须爱自己，爱自己才是诚实表达的动力，而不是因为诚实是一项美德，或者诚实是对的、好的。

美德、对的、好的都是标准，是外在的价值，并且往往来自少数人制定的体系，而不是真正依从于我们本真状态的声音。

我们要试着学会倾听，这可以从两方面着手，一种是向外，一种是向内；一种是刻意，一种是不刻意。这可以组成下列几种情况，在现实生活中让我们去练习：

1. 刻意向外。

当我们倾听别人说话，我们有意识地认真去听，并给予对方澄清的机会："你刚刚说的是……的意思吗？"

2. 不刻意向外。

当我们倾听别人说话，我们不刻意地回应，也不刻意地想要制造某种形象，用最直觉的方式响应。

3. 刻意向内。

我们倾听自己，我们认真地问自己问题。甚至我们可以先行写下想要问自己的问句，然后给自己一个答复的时间。

4. 不刻意向内。

我们倾听自己，但我们不刻意地跟从一个主题。我们只是给自己一个闲暇的时间，通过读一本书、看一部电影或其他活动，渐渐习惯聆听心里的声音，展开内在对话的机会。

结语

诚实不是美德，而是一种心态。这种心态使我们对真理敞开心扉，好让真理的光能够渗透我们的心。这不仅是为了看清心灵深处，更是为了吸纳光的热度，好使我们的心不因为黑暗与空洞，陷入永远的冰河期。

4-3
开放：外星人之间的友谊

故事

A67是颗即将毁灭的行星，行星的居民陆续移民到B44行星。

特努儿是行星上仅存的居民，一部智能机器人。

它本该跟随侍奉多年的主人，搭上最后一艘火箭。

行星上一个人也没有，就剩下草木和动物，陪着特努儿等待末日的来临。

有一天，一位异星访客哈赤很讶异地发现A67的居民们竟然没有带走特努儿，于是他想帮助特努儿离开。

特努儿说它不想走，哈赤问它为什么："这个星球上已经没有任何人需要你侍奉，你为什么不离开？"

特努儿："我没有收到离开的指令。"

"但你也没有收到留下来的指令，不是吗？"

"是的。"

"既然没有指令，你可以自己决定该怎么做。"

"哦？你是说我可以选择？"在特努儿被制造出来的那天起，它从来没有做过"选择"这件事，它向来听从命令，让主人为它做选择。

"跟我走。"哈赤对特努儿说。

特努儿做了有生以来的第一个决定，它上了哈赤的宇宙飞船。

宇宙飞船上有上百部机器人，它们全部来自不同星球。但在这个环境里，它们融入在一起，就像来自同一个星球。

特努儿发现有部机器人来自 B44，兴奋地问道："你见过来自 A67 的人吗？"

那部机器人告诉它，不久前那里发生战争，新旧居民互相仇视，抢夺资源，战争把 A67 变成荒漠，估计现在一个人也不剩了。

心理

每个人都不一样，每个群体也不一样。

生活中，你是否曾经有这样的感受，觉得跟某些人相处起来好费劲，他看你像外星人，你看他也不像地球人。

这些差异，不只是人格或想法，往本源去追溯，往往是因为两人的生长环境不同。

借此，引出咨询中一个难以避免的难题，就是文化差异。这个文化差异会出现在咨询师和来谈者之间，也会出现在其他人之间。

所谓文化，广泛的定义如学者阿克塞尔森所言："任何一群人，他们有共同的目的、需求，或是背景相似，且彼此认同、连结在一起。"

我更倾向于接受这种广泛的定义，因为广泛的定义更具有包容性，跳脱地域、种族、肤色等先天的限制，使个人具有更大的弹性去选择自己的文化认同。

"认同"不是强迫他人同意，而是双方愿意互相理解，即使不理解也能试着包容双方差异的态度。

不考虑文化差异的咨询，往往会使咨询师与来谈者走入死胡同。这个死胡同的麻烦之处，就在于你总是能看见希望，却始终触碰不到它。

当我们在使用共通的语言时，表面上看我们在进行沟通，实际上可能并非如此。

设想一下，每年有那么多的中国学生报考托福、雅思、GRE等英语考试，好申请进入国外大学。我有个朋友，当年雅思考了七点五分，到英国一所世界排名前五十的大学读书，但她吃不惯当地的食物，也不是很适应气候，对于风靡英国的足球也没有太大的兴趣。

她的英语足以应付困难的科目，读懂艰涩的书籍和论文，但自始至终，这门外语始终只是“外”语，是生活的工具，但背后的文化并不存在于自己的骨子里，她是懂得使用英语的中国人。

回想一下，生活中我们和其他人说话的时候，大家都使用中文，可实际上我们对彼此语言背后的文化往往一无所知。

好比同样谈教育，当某些人提倡希望学习欧美用申请入学、推荐以甄选取代应试教育和高考，很可能是因为他们自己的家庭背景，有丰沛的资源让下一代在学校以外做更多的学习，学习各种才艺，到世界各地游学。

但对某些缺乏资源的人来说，只有应试教育和高考能给予他们在齐头式平等的条件下，靠努力改变后半生命运的机会。

那么当他们共同谈教育，他们对教育的观念完全不同。这个不同来自他们的背景。如果因为他们都用了同样的名词，我们就误以为他们想法相同，那么我们很可能会误解他们的想法，投以错误的预期。

又好比一对男女在谈恋爱，男的可能不着急结婚，忙着干事业；女的可能想要早日投入婚姻，生孩子。那么随着交往时间的推进，他们将会发现在爱情观点上的冲突。如果他们不去厘清对于爱情的想法，而是用自己的想法去设想对方应该跟自己想的一样，就很难避免在爱情走入不同阶段的时刻，出现惊讶与失望。

所以当两个人在一起，或者一个人想要融入另外一个群体，从文化的角度说，都是一种文化“濡化”（enculturation）与“涵化”（acculturation）的历程，即在保有个人原生文化的情况下，学习适应身边的主流文化。

从这个角度，当我们说一个人顽固，指的就是这个人拒绝濡化与涵化，可以说他对自我有比较强的防卫，不轻易被他人动摇。

这是无可厚非的一件事，因为文化的交融可能使我们失去对自己原先的理解，但过度的自我防卫，会使我们失去和环境中多数人互相理解、产生连结的机会。

相反地，过分追求社会主流文化的认同，就像有的人总是在班上跟着风云人物的屁股，或者轻易相信他人言之凿凿的意见，那么他可能因此失去自我。

无论过度自我防卫，或是失去自我，结果都可能带来强大的孤独感。前者的孤独来自与他人之间缺乏连结，后者则是与自身缺乏连结。

方法

当我们面对一个陌生的却又想要增进认识的对象，好比一个你想找他约会的新进同仁。这时，意味着一个文化碰撞的机会将要产生。

我们要做的，就是为这个碰撞做好准备。

这当中有几件事值得我们思量，以避免将碰撞转为冲突：

1. 多采用开放式问句。

如果我们太早定义对方是个什么样的人，便往往会带着这份成见和对方交往。如果对方和我们设想的不一样，那么他可能会感到十分不自在，降低双方进一步深化关系的念头。

2. 允许沉默。

不要被“互动”这个词给迷惑，好像一定要有“动作”，认识才能展开。沉默本身也是一种叙事的方式，说个不停有时反而阻碍了认识的进行。

3. 少说话、多倾听。

和“沉默的诉说”相辅相成，沉默是倾听的钥匙。

4. 不要着急自我表露。

有时我们想要让对方更快速地了解自己，但过多或过激的热情，都可能让对方不知所措，产生退却。

5. 避免给太多，或过早给予“忠告”。

有时我们太想把自己的好意加诸对方身上，但在对对方没有充分了解的情况下，这种好意可能只会造成压力。

6. 避免回避情感表达。

所谓文化，就是一个人人格形成的故事背景。故事有情感线，情感的表述可能会让我们不知所措，少了情感的故事，就成了说明书。如果我们不善于接住他人的情感表达，我们最好提前做好准备，并且在自己感到无所适从的时候据实以告。

7. 面对自己的沮丧。

关系的推进可能不如我们所想的一般顺利，这是很常见的现象。如果我们有失望、难过等情绪，诚实面对，适当和对方分享，反而能够作为双方交换故事的契机，通过分享能解开双方部分的文化差异。

结语

英国作家乔治·艾略特曾说：“当我们对他人产生影响时，我们应尊重以对。”根据过去的经验，我们知道他人对我们有着很大的影响，所以我们必须牢记，我们也会对他人产生很大的影响。

有时我们会忽视自己对他人的影响，更多时候我们忽视文化对我们的影响。人与人之间的交流，正是不断传递文化的通信活动。尊重他人的文化，重视我们对他人的影响，然后我们才能站在负责任的角度来谈所谓包容。

4-4
倾向：差异之间不一定存在好坏，好坏之间不一定存在差异

故事

掌声围绕在莫琳的身边，她在公司内是女王，出了公司依旧是人们注目的焦点。

无数女性想要从她身上取经，成为第二个她，一位气质出众、有话直说的时尚教主。

莫琳随便在一个公开场合说的话，转天就会出现在媒体上，被许多渴望财富自由、情欲解放和享受自我的女性读者转贴在自己的微博或朋友圈。

这天下午，莫琳化了一个淡妆，戴上墨镜和棒球帽，故作休闲打扮，悄悄来到上海最好的妇科诊所。

许医生对流行并不敏感，他对眼前这位美丽的女子，没有太多遐想，倒是旁边的护士知道来者的身份，一直偷眼瞧着这

位女神。

莫琳的来意很简单，她想要孩子，但她没有对象，也不准备给孩子找个爸爸。

“莫女士，国内目前还没有开放订制试管婴儿，以及代理孕母的业务，你有需要我可以给你介绍美国的同行。”

“好的，麻烦尽快帮我安排。”

“这里有份表格，麻烦填写一下，方便精子银行筛选适合您需求的精子。”

莫琳浏览医生交给她的表格，上面有四十多项，一百多个要填的项目，通过这些分类几乎可以拼凑出孩子未来可能的容貌。

跑完流程，莫琳离开前，护士鼓起勇气叫住她，希望知道她为什么要给自己订制一个孩子。

莫琳顿了几秒，微笑说：“只是不想孤独老去而已。”

心理

“我是谁”，这是一个哲学问题，也是心理学的一个重要问题。

几乎所有人都得面对这个问题，因为当我们扪心自问，我们会发现自己是何其孤独地存在于这个世界上。

繁衍后代，除了动物的本能，对人类来说还是一种情感性的创造活动。我们通过创造出一个孩子，给予一段关系更大的突破。比如从男朋友、女朋友的角色，转变为夫妻，又转变为父母等等。这种转变使得关系之间不至于僵化，开展出无限的可能。

进入性别多元，遗传医学昌明的时代，可能性似乎又变得更多了。

但再多的可能性，其来源的种子，还是那个永远绕不开的灵魂之问："我是谁。"

这个问题难以穷尽，是一道申论题，而非是非题或选择题。

由于每个人都是不完美的，所以理论上也不具备像上帝一般，洞察万事万物的能力。按理说，我们永远无法完整了解另外一个人，正如世界上没有一个人能完整了解我们。

我们可以了解某个人在某个时期的全貌，但我们无法了解他整个人生的全貌。

很多时候，我们自己也不了解自己，或者当我们口口声声说我们了解，我们却无法控制自己，这意味着我们可能对自己一无所知。就像《圣经》中，保罗曾经信誓旦旦地宣称自己可以为耶稣赴死，但当军人要来抓走耶稣，他却三次不敢承认自己认识耶稣，好撇清关系。

也因为大家对自己是谁的好奇心，各种关于认识自我的方法，始终都有市场。

这些方法从逻辑学的角度，可以分为两类。要注意的是，这两类方法并不是矛盾对立的，而是可以合并使用：

1. 演绎法。

通过普遍概念，层层推论出特殊概念。在推理剧中经常出现，侦探通过逻辑缜密的推理，像剥洋葱似的找出真相。

精神分析，某个角度来说就是在进行演绎，通过对过去个别事件的连锁反应，推导出眼前这位来谈者，他之所以陷入某个心理困境的原因。但这些事情很难实际证明，因为它已经发生过了，咨询师也不在场，只能凭来谈者口头表述的内容判断。

2. 归纳法。

通过对个别事物的分门别类，找出当中的普遍原则。譬如我们观察每个人都会死，最后归纳出凡人皆有一死的结论。

最常见的归纳法，就是星座、生肖，或是现代如 MBTI①、九型人格之类的量表。通过对不同人、不同特质的分门别类，整理出一套仿佛可以概括所有人特性的体系，然后让每个人在这些体系中寻找一个符合分类的答案。

这些分类有个问题，它不但不能全然显现客观真理，而且还会受到“巴纳姆效应”的影响。也就是人有自我暗示的心理，当我们看到一些描述，这些描述实际上模棱两可，每个人都能从中找到符合自己的论述，却造成了这些分类很准确的假象。

想要认识我们自己，两类方法都很重要。我们可以仔细推敲自己的生命史，当中藏着我们如何一步步走到今天，形塑当前性

---

① MBTI，迈尔斯布里格斯类型指标，以瑞士心理学家荣格划分的八个类型为基础，加以扩展，形成四个维度。——编者注

格的因果关系。

同时我们可以通过我们的选择，以及多数时候的行为表现，推敲出我们性格方面的倾向。

但这些都无法穷尽对我们自身的理解，正如完形心理学秉持的经典哲学概念："整体大于部分的总和。"

无论我们怎么给自己分类，总会出现分类以外的特殊情况，就像把我们整个人拆解，还是存在极其特殊、和地球上其他几十亿人不同的部分，使得我之所以为我，而不存在一个和我完全相同的人。

有些人把这个部分称为"灵魂"，赋予每个个体神秘的特殊存在，一个充满神秘主义的名字。

或者如哲学家笛卡尔将这个特殊存在归类为人类孤独的终极原因，我们能够怀疑一切，却无法否认心灵所进行的内在体验。

方法

关于自我的内在体验，由我们先天的生理结构组成，通过成长中的遭遇，以及形成的回忆，还有我们对回忆的看法，逐渐形成某个模式，这个模式最后就会呈现出某种倾向。

倾向，也就是人们口中对另一个人的印象。

曹操是奸臣，诸葛亮很忠心，这些形容词都是对一个人的倾向加以描述。

然后人们通过模拟，将类似的一些描述整理在一起，做了分类，就形成我们常见的各种心理测验。

了解自己的倾向，是人的天性，就像喜欢照镜子，或是拿到团体照的时候总是先找自己在哪里。

通过对自己倾向的了解，我们更容易对自己进行整理和分类，由于我们又是社会性动物，因此这些分类尽管具有贴标签的作用，但合群的标签通常能使我们避免陷入孤独与焦虑。

如果我们想要了解自己的倾向，综合前面几章我们学到的叙事写作，可以有以下几种方法：

1. 撰写人设报告。

就像写小说或剧本，我们需要做出人物设定，我们可以参考剧本写作，从第三者的角度给自己写一篇人设，作为自我检视练习。

2. 绘制人际关系图。

延续前面的步骤，这个练习还能用来检视我们的人际圈，用以梳理与他人之间的关系。有些人会把这个做成介绍一部戏常见的关系图，或是同心圆之类的图，以标示关系的名称。通过相对关系，也能用来了解自己，比如为什么我们总是跟某种类型的人交朋友，或是老是爱上同一种人，却又被他所伤。

3. 从心理测验中寻找例外。

MBTI 也好，九型人格也罢，或是塞利格曼“真实的快乐”测验，无论是什么样的心理测验（科学或不科学），至少都具有相似的作用，就是暗示与投射。所以我们可以反其道而行，不只是从中找到哪些标签像我们，而是写出哪些标签不像我们，进而就这些被我们否定的答案，探讨它们为何被我们摒除可能，被摒除的反面是否有贴近我们的标签？

4. 向外印证答案。

带着我们做出的人设、关系图和例外标签，我们可以和跟我们关系不错的人交谈，去验证我们的答案。如果出现令我们惊奇的响应，记得追问为什么。

结语

某个角度来说，过分地追求对倾向的了解，在各种测验中寻找自我，给自己贴标签，会使我们更加远离自我。

用克里希那穆提的观点，标签给予我们一种假象，我们贴得越多，就越容易关闭自己的心。相反地，放下这些，我们的心才能自由。

倾向有时只是我们的思维与行为习惯，那不能真正代表我们，并且我们具有改变的能力，那么倾向也不过只能代表某个部分的我，或者某个时期的我，而不是全部的我。

4-5
接触：注意口语以外的信号，那里有故事

故事

方岑又一次在班上拿到第一名的成绩，家长会的时候，老师不住跟方爸爸说："你的女儿太优秀了，明年上第一志愿肯定没问题。"

谈到方岑大学要读什么科系，品学兼优的她比其他同学拥有更多选择。

"我想成为一名医生。"方岑有点害羞地说。

所有人都相信方岑做得到，就连方岑自己也对未来的路充满光明的期许。考上医学院，进入医院实习，成为一名医生，一边治疗病人，一边进行高端的医学研究。

这些梦想，都在高三的时候突然破灭。

方岑出了一场车祸，激烈撞击下，车子的挡风玻璃碎片插

进她的双眼，她从此失明。

短短几分钟的意外，改变了方岑的人生。她在家养病一年，这一年身体恢复得很快，心灵却始终走不出阴霾。本来成绩落后她的同学们纷纷上了大学，开始亮丽的人生，只有她活在无止尽的黑暗中。

方岑去看了心理咨询师，通过心理咨询师的引导，她试着慢慢找到新的人生方向。

在心理咨询师的陪伴下，方岑找到了一条医生以外的助人之路。方岑考取大学心理系，毕业后成为一位心理咨询师。

比起眼睛看得见的心理咨询师，方岑必须用更大的努力，好从听觉获得更多关于来谈者的信息。

事实证明，方岑对来谈者的帮助不受限于眼睛的障碍，甚至反而因为她的用心，更容易走进来谈者的心，打开他们的心门。

心理

希腊哲学家认为眼睛是灵魂之窗，说明眼睛在众多感官中的重要性。

感官是我们认识世界的工具，通过这些工具，我们才能形成知识。

对于感官认识的发展历程，着墨最多的莫过于教育心理学领域。

其中，对儿童各种能力的培养，有一项是“阅读力”。

如国际教育成就调查委员会主持的“国际阅读素养进展研究项目”（PIRLS）在阅读力指标上所指出的，“唯有进入感受与思维的内在交互激荡，才能从中有所感而有所得”。

我们无时无刻不在解读这个世界，并通过对世界的解读完善自身。

进一步说，生活的质量高低，取决于我们对这个世界的认识。

我们天生就有这样的能力，好比学者特罗尼克（Edward Tronick）实验发现，九个月大的婴儿，如果看到妈妈突然摆出完全静止的姿势、冷漠的表情，他会非常慌张，甚至开始哭泣。同时，婴儿也会做出各种富有表现力的动作，试图检验发生了什么事。

然而，我们虽天生拥有认识这个世界的感官能力，却不见得懂得该如何有效地使用它们。更多时候，我们可能过度专注于其中一个向度，而忽略了其他丰富多元的面向，使我们的认识过于片面，乃至于受到欺骗。

以阅读力模拟，PIRLS 强调阅读力有两项特质：

1. 阅读力不只是识字的能力，更需要发展理解与运用知识的能力。

有时，一个人把书从头到尾读一遍，他感觉很不错，好像比读这本书之前更有知识了，结果旁人问他这本书的内容、概要，他却回答不上来。当我们在谈对人事物的认识，如果我们不清楚自己是否真正理解我们接触的对象，并知道如何与之互动，或加以使用，那么我们的认识是空白的。

就像一个女人以为男友值得托付终身，有天却发现他背地里出轨连连，那么她之前对这个男人的认识，实际上等于空白。

2. 阅读力需要引导。

还有一个对阅读力的误解，就是从“量”的角度评价阅读。好比社会上有些拆书家，以一年能看上百本书为乐。但在 PIRLS 的阅读力指标中，他们强调“学会如何阅读”（Learn to Read），和“在阅读中学习”（Read to Learn）的双重重要性。

我们读书，是否同时学会读书的方法？好比做笔记，或是其他帮助我们更有效率理解书籍内容的认知系统。我们是否在需要的时候，知道该如何运用阅读工具？进而，如果我们懂得阅读，那么我们就应该知道怎么帮助别人，一同通过阅读来提升自我。

然而，将阅读力推而广之，我们的认识不只来自阅读，阅读也不单单限于视觉的“读”。

中文说“解读”，可见读只是桥梁，理解才是目的。

正如我们对他人的认识，不能简单来自他的自说自话，而是必须从方方面面加以考察。

好比曾经有人问我，盲人可以当咨询师吗？答案是可以的，国内就有通过训练、通过认证的盲人咨询师，国外也有。

可见要读懂人心，展开有效的沟通，重要的不是单一感官的应用，而是我们能否打开我们的心，通过有限的渠道，认真倾听与沟通。

因此当我们谈到如何对他人进行解读，或者如何对人事物达到完整的了解，这本身就包含感官能力与理性思维能力之间的交互作用。

空谈拥有一双眼睛的好处，就像空谈四肢健全对人的重要性。有些人有眼无珠，没有足够的智慧去洞见他所看见的，甚至反过来被他所看见的表象迷惑。有些人好手好脚，却拿来作奸犯科，使自己陷于不幸，甚至失去生命。

方法

接触世界，就是接触生命。这种接触是一种发现、创造，同时也是自我救赎。

我们试着阅读一切，完成人生这本大书。

我们需要打开所有感官，作为认识自我与世界的第一步。这个工作，可以通过叙事的方式展开：

1. 大量描述。

我们可以选定一个想要描述的对象，然后我们看看它、摸摸它，或者如果它是一个物体，可以敲敲打打，听听它有什么声音。我们用感官的一切去捕捉，然后尽可能去描述我们感受到的一切，这个过程追求的不是精确的描述，而是让我们慢慢习惯对外的认识不趋于片面。

2. 找出奇异点。

我们可以定一个主题，好比“美”“坚硬”“温暖”等主题，然后我们去寻找跟某个主题有关的人事物，记录下来我们想到什么，看看之后感觉到的是否与想象的一样。通过这个方式，建立一套我们自己的百科全书。

3. 拆开时间轴。

当我们去感受，我们会放大注意力。心理时间和客观时间不同，我们可以通过专注力，控制时间的节奏，这使我们能够拆解要认识的对象，放大对这个对象的关注点，让我们更容易捕捉到一个事物在直观之外的细节。长久练习，可以使我们的感官变得更锐利。

结语

心理学家弗洛姆在《自我的追寻》中写道，人可以通过两种方式去体验外在世界：

一种是通过感官，以“复制”（reproductively）的方式去觉知现实世界；

一种是以“生成”（generatively）的方式凭借心智与情感赋予外物生命。

两者相辅相成，丰沛我们的生命经验，进而使我们创造出属于自己的美丽人生。

4-6
放松：诸法皆空，自由自在

故事

世界最北边的森林深处有一个神秘国度，叫作彩虹国。

这个国家不大，几百里地长年保持五六千人。

彩虹国地下埋藏彩虹矿。彩虹矿有神奇的作用，伤心的人要是用矿石刮下来的灰煮汤，喝了就能忘记痛苦。不过这些矿石的产量有限，一百年才能结晶一斤左右，所以国王明令限制开采的数量。

彩虹国的国民，大多乐天知命，他们对于外界的世界并不好奇，仅仅每年春季，才会跋涉百里，至森林外的市集，用彩虹矿以物易物。

有一天国王的妻子生病了，病得很重，彩虹国的医生都没办法治好她。国王派人带着彩虹矿去市集，想要换回治病的药。

但没有人敢保证手上的药可以治好皇后，都不敢换，后来有一位医生见了，他对彩虹矿很感兴趣，自告奋勇地跟着彩虹国的人进入森林。

医生检查完皇后的病情，告诉国王皇后的病在当今世上恐怕没有解药。

如医生所说，不久后皇后病逝。

旁边的臣民看国王很伤心，端上用彩虹矿熬煮的汤，要让国王喝了缓解心痛。国王推开送上来的汤，说："如果忘记心痛，就好像把曾经爱过的人也给忘了。我不想忘记，我想记得。"

国王的话传出去，有越来越多彩虹国的人，他们也开始试着在心痛的时候，不去喝药。

渐渐地，彩虹国的伤心人多了，但多数人都不后悔，他们跟国王一样，都有不想忘记的痛。

心理

时间是物理研究的对象，是生活的一项尺度，同时也是心理活动的路线图。

过去发生的事情，快乐与悲伤，对我们造成的影响，有些会因为时间而消逝。但从精神分析的角度来说，消逝不意味着消失，这些回忆转进潜意识，不知不觉中会对我们的人格产生影响。

从神经科学的角度来说，快乐与悲伤的经历，都会影响我们的大脑。好比心理创伤，依《精神疾病诊断准则手册》(*DSM-IV*)的定义，简单来说就是“一个人的心理因为压力而失调，并产生相关的后遗症”。譬如可能导致大脑掌管记忆与情感的“海马体”(hippocampus)异常，譬如抑郁症患者的海马体往往有缩小的情况。

以近几年经常引起讨论的体罚为例，如教育学家指出，通过六十多年的综合研究发现，体罚对孩子道德观念的内化并没有任何长期作用，反而更容易对亲子关系、社会性、同情心产生负面影响。

通过对三万四千六百五十三位成人调查发现，幼年受过体罚的孩子，更容易在成年后产生情绪障碍、焦虑、酒精或药物依赖，或人格障碍。

此外，通过功能性磁共振成像(fMRI)，我们可以观察到，当过去的创伤在我们的大脑中闪回，受创甚深的人，他们大脑的杏仁核仿佛失去了分辨过去与现在的能力。无论发生的伤痛事件距今多久，闪回时所带来的痛苦与刺激同样剧烈，就像噩梦重演。

有时，我们对于创伤的反应，可能没有强烈到能通过 fMRI 之类的仪器看见器质性的变化，但是我们的言行举止，我们的人格展现，都在诉说一个悲伤的故事。

我想起一位女士，她在童年时期没有得到父母充分的关爱。有一位缺位的父亲，以及过着丧偶式婚姻，成天闷闷不乐的母亲。充斥在家庭中的愤懑，无时无刻不被这个孩子所吸收。

长大成人后，女士在择偶方面难免受到父母那份冰冷影响，可能母亲每次对她抱怨父亲的不是，都让她陷入内心的冲突，她崇拜父亲，却又无法反驳母亲。她可能因此在现实中遇到跟父亲类似的人，便忍不住靠过去，她并非因为爱而受到吸引，也不是因为那个人优秀，而是为了解开心中的谜题：父亲到底是母亲口中的渣滓，还是如自己心中崇拜的那般巍然。

现实生活中，有时碰到一些执迷不悟的人，某些人会试着去开导他们。常见的开导方式，抱着一种对理性的信仰。认为一个人痛苦，肯定是脑袋抽风，看不清真相所导致，只要他理解真相，就能走出痛苦。

然而，正如波士顿大学精神科教授范德考克的神经科学研究显示，只有很少的心理问题是理解不足的结果。当我们大脑中的警铃大作，出于理性的洞察根本没用。

他曾举出一个例子调侃，有位多次参加情绪管理课程的人，跟范德考克大力推荐他上的课，那个人表示课程中学到的情绪管理技巧都很棒，不过通常只有在不生气的时候有用。

从这个角度说，所有的情绪管理课程，所有学习放下的学问，都必须面对一个现实，就是我们无法在情绪真正出现时，完全做到我们希望自己做到的那样。

任何人的心中都没有一个开关，动动手指就能让我们突然从悲伤转为高兴。这很无奈，但这就是我们。

方法

在科学中摸索不着的黑暗，可以寻求宗教的光。在理性中找不到的方法，灵性往往藏着答案。

临床心理学家马斯特斯（Robert Augustus Masters）在《灵性歧路》中谈道：“否定自己的痛苦，会使自己陷入分裂。创伤使我们陷入痛苦，而最大的痛苦是我们不承认痛苦存在，却又深受其害，甚至我们自我苛责，把痛苦的责任完全归咎在自己身上。”

从上述这点出发，马斯特斯以为“真正的灵性是让自己不断地‘死去’，然后进入一种更深刻的生活”。

这和叙事治疗帮助一个人重新书写自己的生命故事，有异曲同工之妙，目的不是抹去旧的故事，用新的故事欺骗我们，让我们“失忆”，而是我们把原有的故事升华。我们放手让被伤害的我们死去，因为如果我们不放下，就会不断地陷入对过去的闪回，以至于分不清过去与现在，影响我们向未来前进。

但只有未来才存在改变的可能，上升的可能，以及圆满的可能。

这里我们可以回溯之前做过的一个练习，我们为自己写一封遗书。

死亡是一种告别，但不同的死法，有不同的意义。自杀象征的，更多是被动地、消极地告别，是一种无可奈何的状态。就像安乐死，目的是让离别变得没那么痛苦，而不是离别使我们快乐。

这里我们可以换一个故事，我们不只是写一封遗书，而是在写完遗书之后，设想一下，在我们离开这个世界一周后，我们重视的那些人，他们会做些什么，离开一个月后，会是什么情况，一年后，乃至于十年后……

我们可以写下我们的假想，这些假想中可能潜藏着我们的恐惧。

就像有时有的人在关系中恐惧另一方离开，于是他决定抢先结束关系，就像用自杀来避免更深重、黑暗与不可知的恐惧。

然后我们才能真正全然地从恐惧中，找到一个面对自己的支点。

结语

空并非一无所有，空是一种自觉的状态。

鸟儿飞翔、猴子爬树，它们各自开展其本性，臻至自由。

4-7
和解：从原谅到复原的旅行

故事

红豆公主和豌豆王子，他们是青梅竹马。

他们约定在太阳第九十九次升起，月亮第九十九次落下的那一天，在王国举办盛大的婚礼，过幸福的日子，以后生出整园子的小豆子。

可是豌豆王子却在某个太阳睡觉的日子，和另一个国家的绿豆公主结婚了。

红豆公主被剩下了，她的园子荒芜了。

从那天开始，她每天诅咒太阳，说他是个扫把星，只要有他在，就有旱灾，有饥荒。太阳听了觉得不好意思，不再经过红豆公主的园子；她又每天诅咒月亮，说他是个大懒虫，没给世界带来一点好处，因他而起的海水涨潮一个不小心就会淹死一堆人。月亮听了觉得羞愧，夜晚不再给园子点灯。

园子里的螽斯听见红豆公主的嘶吼，跳上叶子，问红豆公主怎么了。

红豆公主对螽斯倾诉她内心的不满，曾经她是那么相信豌豆王子，得到的却是豌豆王子的遗弃。

螽斯试着安抚红豆公主，和她分享自己与老伴儿之间如胶似漆的感情。

但红豆公主听了，毫无感动，她已不再相信爱情。

心理

我们经常听到坊间的咨询师谈一个概念，叫作“和自己和解”，好像最重要的咨询目标，就是如此。

但什么是和解？什么又叫和自己和解？

心理咨询是西方的产物，用的多是西方概念，和解其实是个神学性、宗教性很强的字眼。

《圣经》中，使徒保罗在〈罗马书，5:6-11〉说，在与神和解（reconciliation）之前，人是软弱的、不虔诚的、有罪的、与人为敌的，因为与神和解，我们有所改变，不再软弱。

但从另外一个角度解释，或许当我们太软弱的时候，我们无法与神和解。

Reconciliation 来自希腊文“allasso”，意指“关系中的变化”。

去除神学的意义，也可以说当一个人企图与伤害我们的人和解，或是要与自己和解，他首先必须摆脱软弱的状态，因为当我们对自己无能为力的时候，和解不可能发生。

但什么叫作对自己有能力呢？

这就牵涉到经常与和解一起出现的两个概念，一个是“宽恕”（forgiveness），一个是“复原”（restitution）。

宽恕跟和解某部分很像，某部分不同。

举个例子，今天你在外面逛街，有人牵了一条大狗，那条狗不分青红皂白地咬了你的腿，你非常生气。饲主给你赔不是，你选择原谅那条狗，因为你认为狗不懂不能咬人的道理。但你拒绝跟饲主和解，最后饲主赔了你一定的金钱，足够作为医疗和精神损失，最终你才气消，不再挂怀这件事。

原谅是被害者对加害者的一种心态，不去追究加害者的责任。但和解是让改变发生，这改变是关系的改变。

关系包括“我对他人”，也包括“我对自己”。

原谅必有加害者与受害者，而和解是受害者与加害者之间的关系改变，也就是打破了加害者与被害者的角色。

举另外一个例子，电影《阿甘正传》中，阿甘在越南服役时，丹中尉是他的长官，一次遇到敌人伏击，丹被炮弹炸断双腿，阿甘拼死把他救出来。丹回国后放飞自我，通过酗酒、嫖妓来麻醉自己，结果跟妓女吵架，还被妓女嘲笑是残疾。

后来阿甘靠捕虾维生，丹去找阿甘一起捕虾，碰上暴风雨，他一个人对上帝大吼大叫，说有本事就杀了他。丹曾经问阿甘为什么要救他，为什么不让他死，那时他是如此憎恨一切，包括他自己。

暴风雨中跟上帝的抗争，其实也是丹跟自己的抗争。暴风雨后，丹在雨过天晴的湖里游泳，云中出现了耶稣光（一种空气粒子和光线产生的现象）。

阿甘看着这一幕说："中尉好像跟上帝和好了。"

和解是一种改变，动力是原谅。无法原谅彼此，关系就无法和解；无法原谅自己，自己就无法和解。

所以如果我们一味谈跟自己和解，却不谈原谅，不谈改变，那么这个和解就是空的。

我们始终无法带着恨去和解，也无法带着不理解去和解。

有时成人发现孩子争吵，孩子明明内心不原谅对方，却要求孩子彼此握手言和。这种表面言和，无法真正让一个人服气，回头孩子还是要找地方出气，可能"不小心"砸碎了杯子，或是对本来不抵触的事情有了抵触的情绪。

当社会变得暴戾，往往就是被强迫在表面和谐中成长的孩子，他们长大了，但他们始终没有学会原谅，包括给予或获得原谅，以至于他们还在发泄怒气。更糟糕的是，他们还是用自己父辈那一套强迫和解的方式，去教育下一代的孩子，让实质的和解更不可能发生。

所以自我和解也不是简单的"接纳"，没有原谅自己犯过的错，没有原谅对方曾经造成的痛，没有给予关系改变的空间并愿意达成实质的改变，都是假和解。

那么改变的方式是什么，就是“复原”，使我们不平静的心回归平静，这种回归不是让我们白活一场，而是在事情中学到教训，让我们从痛苦的情绪中，给予自己回归生活、提升自我的空间。

方法

我们可以把原谅作为和解的钥匙，原谅需要落地，就像道歉，一个人是不是真心道歉，另一个人是能感觉出来的。

同样地，当我们谈和自己和解，我们内心是不是真心放下，骗不了人。

当我们试图通过写作和解，首先把握两个原则：

1. 不要强迫自己原谅。

儒家教育我们要以和为贵，这个和来自《论语》说的“恕”。这是从道理的角度，但从情绪的角度，原谅是不能强迫展开的。强迫和解，往往只会造成反效果。

2. 签订协议。

和解的写作，涉及到关系。取得了共同承认和解的结果，要有一个具体的协议，才能让我们更深刻地体认到我们确实进行，且完成了和解的步骤。

内容上，我们可以遵从以下几点去书写：

1. 为什么我要和解？

2. 我要跟谁和解？

可能是特定的人，可能是内心某部分的自己，可能是某段回忆……

3. 我是情感上想要原谅，还是理智上想要原谅？

无论是什么，诚实地写下自己的想法。

4. 有可能的话，找到那个你想和解的人，把你的想法告诉他。

无论你是想要原谅，或者求得原谅，都不要抱着期望，但你可以尽可能地诉说你的感受。记住！是感受，而不是你理智上认为“应该要”和解，或者和解“有利”。

5. 和那个人签署这份协议，表示你们愿意达成和解。

如果不愿意，可以签订“意向书”，表示你们愿意一起朝着和解的目标前进。

结语

原谅是一种力量，和解是来自双方的两股力量合而为一。

4-8
给世界一个机会

故事

藤田，这是王小山在网络上经常使用的昵称。他还用过好多昵称，变换着名字，进行一次又一次的自我介绍，但没有人真正记得他，就像他也无法记住自己取过的所有英文名字。

生活，就在这种犹豫不定中，被自己遗忘。

这种遗忘与他人无关，因为别人未曾记住，何来遗忘。

可是那每一张脸，仿佛都在嘲笑自己的脸，小山记得很清楚。

但他从来没有去查证他们到底是不是在嘲笑自己。他心底已经认定了这件事情肯定是真的。

藤田，Fujita，是他最近一次找到的英文名字。这个英文名字可以满足他所有的矛盾心理，他会被当成一个外国人，但又不是金头发、白皮肤，连他自己都不认得的类型。

躲在家里上网，这是小山最喜欢做的事情了，即使离开家，他也离不开手机。

外婆的葬礼，小山拿着手机滑个不停。他的爸爸看不下去，训斥了他一顿。

把外婆的遗体推进火化炉的时候，愤怒的小山把手机扔进炉里，也不管身旁错愕的亲戚，一个人骑着自行车离开。他的愤怒并没有因为骑车消失，相反地，他觉得内心除了愤怒，什么也没有了。

他回家拿了一把刀，装进上英文课的包里，准备随时自我了断，或是了断别人。

“叮咚”门铃响了。

小山打开门，门外是个熟悉的身影。

“小山，你还记得我吗？我是廖俊。你背着包包，要出门吗？我有没有打扰你？”

“没事，我……我刚回来，你进来吧！”

廖俊是小山的小学同学，他人生的第一个朋友。廖俊后来搬家，最近又回到这座城市工作。他特地来送喜帖，多年过去，他还记得小山。

“来当我的伴郎，好吗？”

廖俊对小山提出了邀请，小山答应了。

廖俊走后，小山看着喜帖上，签字笔写上的“王小山”三个字，内心莫名激动，眼泪扑簌簌地流下来。

心理

我记得小学的时候，父母让我去学作文。那个作文班是我们那个小地方一位高中语文老师开的，班上有二三十位学生，用老师一楼的客厅改装，有一块黑板，还有几排座位。

刚开始学习写作文，最大的动力是老师很会说笑话，也很会说故事，一节课有三分之一的时间，都在听老师讲课，还有三分之一拿来写作文，剩下的三分之一用来阅读。

当时比较会写作文的学生，后来都不在班上了，大概是因为在他们父母眼中，作文方面的潜能开发得差不多就好，学习数学、英语这些对升学考试有莫大帮助的课，比上作文课重要得多。

在叙事治疗的推进活动中，“重要”是很有意义的一个指标。

每个人心中都有一个重要的价值观，一个他必须要去做，且致力要完成的事。

“一定要做”“应该”的自我设限，有时会给我们带来心理的重压，加上不理性的信念，会让一个人陷入强大的自我苛责，当苛责的力量大于心理的承受程度，可能就会引发一个人彻底的心理逃避，而逃避的极致就是自杀，使自己与压力源彻底隔离。

那我们该怎么分辨那些压力到底是重要的“原则”，还是“顽固”，并且是病态的顽固?

简单来说，原则是你遵守起来会带给你幸福感的，是成就与实现自我的条件。

顽固不会给我们带来幸福感，而是使我们面对恐惧，使我们避免失去。所以顽固表面上看来，一个人坚不可摧，实际上是一个人在和外界对抗、战斗的方式，是他筑起高墙好保护自己脆弱心灵的消极计划。

所以当我们遵守自己的原则，我们是充实的，就像有些人能够无私地奉献，像是施韦泽，像是特蕾莎修女。

相反地，那些顽固的人无时无刻不活在痛苦中，因为他们以为如果不照着旧有的方式生活，他们就会失去一切。所有的改变，对他们来说都是可怕的噩梦。

就像心理学家戈特曼对婚姻进行研究，他发现要判断夫妻之间是否离异，有一个指标就是观察他们怎么看待婚姻中的问题。

每个人都有自己“归因”的方式，归因就是对于一件事情，把这件事情发生的原因，归于积极的、中性的或消极的“盒子”里。

离异的夫妻有很大可能会将生活中的事件放进消极的盒子，感情绵长的夫妻，更倾向于把事件的归因放进积极的，或是中性的盒子。

譬如一位太太，只要先生信息不秒回，她就会想先生肯定是在不务正业，或是其他负面的情况。而先生的其他一些表现，她都如此设想，那么这时无论先生是否做了积极正面的事情，对妻子来说都感染不到积极正面的力量，在她眼中全变成消极、负面的事件。

久而久之，这些消极负面的看法会变成消极负面的感受，最后这些感受往往就会促使这段关系结束。因为这时，面对这个人就像面对痛苦，面对伤痛，毫无幸福可言。

对某些人来说，生活早已失去幸福的可能，就在于他们倾向于将生活的一切看成消极的、负面的。

好比在一个团体中，有人生日，举行生日聚会，总有人感受不到其他人的快乐，甚至对于这种聚会说些尖酸刻薄的话，或是在热闹的现场，更加深刻地对自己说“我好孤独”“唉！都没有人给我过生日，一定是我不够好”等等自我否定的话。

久而久之，生活就逐渐只剩下痛苦。

进而，过多的痛苦使我们再也无法轻易地麻痹自己，因为我们已经无法思考痛苦以外的情况，于是我们开始相信，活着就是痛苦，于是结束痛苦的行为就显得特别“合理”。

这个合理，在于一个人走进了一个自我框架的逻辑里，这个框架就是“活着只有痛苦”，于是即便有再好的事情发生，他都会归结为消极的、痛苦的事件。

法国小说《刺猬的优雅》，还有日本电视剧《东京女子图鉴》都有这么一段情节，女主角在生活中找不到任何的力量，因为她早已在对生活的憧憬中，剔除掉种种关于希望的可能。

这时候该怎么办呢？

从最简单的逻辑来说，一个人饥饿，我们会说他需要的是食物，通过进食重新获得力量。

但在心理的能量上，当一个人还有对于生活的仰望，给予他希望，给予他支持与接纳，对他有帮助。因为他的心灵还能“进食”，他的心还未死去。

然而，对于内心已经死去的人，他更需要的不是接受，而是给予。

只有通过给予，他才更有可能看见自己其实未死，看见自己还有办法创造生活的美好，还有办法引发这个世界对他笑。

当我们在书写自己的故事，当我们在重新整理过去，加以表达，我们就是在给予，至少给予咨询师一个回馈来谈者的机会。

也许那不只是得到一个微笑，而是得到眼泪，得到拥抱，来谈者和咨询师共同在一个永不见天日的蚕茧中，撕开一条裂缝，让阳光得以照进来。

第四章　总结

一个痛苦的人想要结束的，永远不是生命，而是痛苦。

结束痛苦的动力背后，渴望的也不是理解，而是创造。

创造一种新的可能，并且让我们自己看见那个可能。

其他人的陪伴，看似什么也改变不了，但光是延长一个人活着的时间，增加看见希望的可能性，那本身就蕴含无穷的意义。

那个意义就是给予，给予世界一个机会，不要错过如此美好的你。

第五章

是谁，决定了我的快乐与哀愁？

人生有两条路，这两条路并非成功或失败，而是乐观与悲观。

悲观的人，即使获得成功，他可能还是会陷入“冒牌者效应”，感受不到自己的好，而是专注于自己的缺失。

相反地，乐观的人往往具有容易满足的特质，他们更容易享受自己的成功。具体来说，乐观的人对自己更有自信，即使面对挫折，也能对未来抱有希望。

5-1
楔子：人是孤岛，还是列岛？

前言：沟通与对话

叙事不只是表达，同时也是一种寻求，寻求沟通。

所有的叙事都是相对的，充满互动。就像发展心理学或任何强调“人、境互动”的学派，一般我们都认为，个体是在互动中建立起对他人、对自我的认识。光依赖个人，不足以生存，也不可能达成对于自我的完整认识。

所以叙事必须成为一个沟通的工具，使我们重新回归社群，同时踏上回归自我的道路，我们才有可能真正地进行所谓的“自我疗愈”。

自我疗愈的“自我”，并不是说当个人变得更坚强，他就不需要依赖任何人，相反地，健康的个体能够塑造健康的社群。反之，一个健康的社群更容易促进成员有一个健康的生活环境。

在这个阶段，叙事的方法是需要多人才能完成的作业，这些作业的操练，帮助我们回归我们人性也是心理最基本的需求，在现实社会的冰冷中，在曾受过的伤痛中，在一度见不到光的孤独中，我们再次相信爱与希望，再次拥有拥抱他人的勇气。

我们相信，在于我们有能力去获得，就像健康的身体不是从此不生病，而是拥有足够强大的抗体使我们每每从病中痊愈。

故事

当骑士索伦被赋予斩杀恶龙的任务，他感觉自己受到无比的信任。

过去十年，每个试图斩杀恶龙的勇士，没有一位成功。

索伦曾经幻想自己执行这个任务，但当这个任务真正落到自己头上，他才发现原来内心并没有自己想象的勇敢。盔甲底下，他是个平凡人，贪生怕死。

索伦带着心爱的酒与长剑，跨上陪伴他多年的白马，踏上旅程。

离开国境，索伦一路往北走，预计三天后就会来到被恶龙霸占的城堡。

据说城堡中藏着无数金银珠宝，这也是国王之所以十年来不断派出勇士，不惜牺牲他们生命的理由。

索伦想过逃跑，反正他如果骑马遁走，谁都不知道他并没有去过城堡。可是他也知道，逃得了一时，逃不了一世。要是哪天逃走的他被人发现，恐怕这辈子都要活在懦夫、失败者的阴影之中。

怀着忐忑不安的心，醉醺醺的索伦来到城堡，他做好一切准备，只求死得利落。

进入传说中恶龙据守的城堡，眼前的场景出乎意料。他在这里看见几位过去十年被国王派来斩杀恶龙的骑士，他们活得好好的，只是换上寻常百姓的服装，更像一群农民。

“龙呢？”

“龙早就走了。”

“那你们为什么还待在这里？”

“呵，你何不在这里待几天，也许你会有答案。”

索伦留了下来，他发现在这里没有穿上盔甲的理由，因为没有人在意你的身份，大家都是英雄。

心理

索伦，一位英雄。

从某个角度来说，英雄是种幻觉，人们总是容易过分沉溺于辉煌的记忆，忘了自己的衰老与后来的平庸。在生命的每个时刻，尽可能争取一个被看见的机会，如一只对众生展示羽毛的孔雀。

但堂吉诃德最后也从迷梦中醒悟，在人生的最后承认自己曾经失心疯。

然而，现实生活中有很多真正的英雄，他们没有被看见，尤其没有被自己看见。

好比那些为了孩子倾尽一切的父亲、母亲，他们没有意识到自己对家人的牺牲，或者他们意识到了，但不觉得那是牺牲。

到底英雄是什么?

也许英雄的本质从来不由个人来定义，而是被群体推崇的精神展现。

或者说，每个人都是英雄，毕竟每个人都有闪光的时刻，即使那一刻只有0.000 000 000 1秒，短暂到整个地球上都没有生物发现。

更多时候，人们活在迟暮的意识流里，不断意识到自己的平庸，不断告诉自己:“梦想永远不可能实现。”

自傲与自卑的两股力量在内心纠缠，我们想要做真实的自己，却又试图欺骗真实的自己。于是人就在这里产生分裂，有些人成为永恒的英雄，但不是在生活中，而是在幻象、梦境或弥留之际。

好比电影《黑客帝国》中，主角尼奥进入虚拟世界，所有人事物都是计算机程序打造出来的幻象。

然而，尼奥的一位伙伴，他宁愿放弃真实的人类身份，成为幻象的一部分。尽管他知道眼前的牛排是假的，只是程序欺骗大脑的假象，但比起残酷的现实，他宁愿要这种舒适的假象。

这个桥段反映了某种心理现实，所有的关系，都是自我关系的平行展现。

思觉失调的病人，他们活在某种分裂的世界里，但所谓的分裂，可能是从“正常人”的眼中看过去的场景。

我们总是用自己的方式去定义这个世界，就像我们给自己养的宠物取名字，然后假想宠物对我们有各种情感，或是当它们望着某处，我们想象它们在沉思。

人是群居动物，人具有社会性。英雄最大的问题就在于，无论他多强大，还是需要依靠群体的力量生存。

有时，杀伤力最强，同时也是支持性最大的力量，就在于群体的态度是认同还是否定。

认同与肯定通过关系实现，但否定与驱逐也通过关系实现。关系是社会性的呈现方式，是一种连结的纽带。

我们有许多烦恼都是纽带接错了，或是没接好导致的。并由此出现许多非科学的补救方式，譬如通过星座、命理，设想今天我们可能会有新的关系，或者旧的关系会有某种转变。或者通过一些其实不靠谱的人格或性向测验，试图了解自己，却只是再一次地证明巴纳姆效应无所不在。

正因为我们有明知道不可能真正了解一个人，却禁不住想要了解他们的冲动，正因为我们有时不只想要了解，还试图证明我们了解，所以我们开始把魔爪伸向对方，想要展开对关系的控制，然而最终可能证明我们错了，或者我们盲目地找各种理由说服自己，“我是对的”。

当一个英雄对自己的存在价值产生动摇，便开始从英雄的宝座上退位。这有迹象可循，比如当一位英雄开始试图寻找自己作为英雄的证据，开始和其他人比较谁更英勇，谁更无敌，悲剧便往往从此开始。如心理学家卢森堡（Marshall Rosenberg）博士在《非暴力沟通》一书中说，如果想让生活变得悲惨，就和他人做比较。

人的社会性，注定一个人在关系中难免不快乐，除非我们愿意放下对关系的强求。我们顺应本性，处理孤独的情绪，即使一个人，我们也得学会与自己相处。

忙于证明自己是英雄的英雄，再也无法活在孤独的修行中。他不再纯粹为了荣耀而战，开始为了公主垂青等被动的理由，冒着生命危险斩杀恶龙。

这时我们会发现，英雄的光环其实是他那一身铠甲与胯下的宝马。铠甲下不过是血肉之躯，一个在迷茫、不甘与孤独降临之际，依赖上帝或他人救赎的灵魂。

现代社会，网络的出现造就了新的英雄。每个人更容易在性情相近的群体中，找到自己发挥英雄特质的机会。但这让每位英雄内心深处纠结的心境，变得更加复杂起来。

有些人能够轻易在网络上找到存在感，一种通过点赞和阅读数所呈现的连结状态，使我们相信我们确实和某些人产生连结。

可是这些连结很空虚，因为关系之间有猜疑，有误解，还有我们对控制的强求，与更多人之间进行连结，就会出现更多的猜疑、误解与控制欲的展现。

当然也有一些例外，譬如自闭症。患有自闭症的人，他们疏离在一般的关系之外：

1. 他们无法构想未来，只专注于自己的世界。

2. 他们很难构想关系，也就是很难将心比心，就像猫和人的关系。

猫没有主人的意识，自闭症也使一个人对父子、老板与员工、朋友等角色，相较一般人来说难以理解，难以共情。在那个精神的堡垒中，他们和所谓的常人相比，更像称职的精神守护者。常人眼中他们好像病了，但那才是他们的铠甲，保护他们迎接考验。

你说他们对抗的是风车，还是恶龙？

有些人没有自闭，却活得像是自闭，他试图隔离自己，隔离自己对未来的推想，隔离自己与他人发生关系的可能。但这种努力终究会失败，只是有时失败的结果，不被外人所察觉。

因为有些人隔离到最后，他在自我的空间中找到某个情感投射的对象，他并非真正放弃与生俱来的社会性，而是在自己建构的小天地，可能是脑中的某个幻想世界，得到社会性的补偿方案而已。

方法

学习面对孤独，和学习与他人交往，两者并不相违背。但有时我们却认为两者矛盾，因为当我们孤独时，我们将他人视为干扰；我们与他人交往时，孤独的静谧感相形失色，我们的内心被另一个人填满。

从叙事的角度来说，就像我们写故事，我们有一个大体的人设，然后我们开始构想人设之间的交互关系。

故事的主角是我们，但关系的冲突使得故事精彩。

当我们陷入某种关系与自我该孤独还是群居的困扰，我们可以试着借用小说与戏剧创作的人设写法进行梳理。

我们把生活当成一本小说，然后开始写人设，我们构想主角，把我们对自身的了解写进去。

接着写其他主要角色的人设，然后写次要角色。

完成这些人设，等于把我们对自己和他人的了解梳理了一遍。

然后我们开始写故事，我建议可以写一栋出租公寓，每个人都是公寓里的房客。然后我们可以设想这位主人公，他每天会和这些房客擦出什么样的火花。

有时我们会发现，对某些人我们很了解，但对他们的期望很不切实际；我们对某些人了解不多，但却对他有意外的信赖。

我们还可以通过分配每个角色的住所，安排彼此之间的距离和相对位置，去思考自己如此安排，到底是为了什么。

通过这样的方式，我们等于将现实世界里的关系，通过故事的方式进行模拟，方便我们更清楚地了解对这些人的想法，厘清我们在这些关系中，企图扮演，以及扮演成功或失败的角色。

结语

不要怕搞砸关系，正因如此，我们才能学会如何重建关系。有时我们放弃，那不意味着我们学会享受孤独。孤独从来都不是一种恩赐，而是一种刻意为之的状态。这是成长必须学会的一件事，如同许多刻意为之的事，都是不得已的。

5-2
澄清：学会提问

故事

老曲最近经常来镇里的酒吧喝酒，而且傍晚酒吧还没开门，他就在酒吧外徘徊。

“来杯潜水艇。”老曲坐在吧台前，眼睛瞄了瞄穿梭在大堂的女服务生，好一会儿后，转过头对老板说。

“行啊！老曲，现在叫酒可是熟门熟路了。”老板迈克将一大杯生啤还有一小杯威士忌递到他面前。

“那你还不感激我，我最近可是天天给你送银子。”

“谢谢。”迈克给自己倒了一小杯威士忌，对着老曲一饮而尽。

相比其他的客人，老曲显得十分安静。跟老板随便寒暄几句，他就会从外套兜里拿出一本小笔记本，搭配早上买的报纸，或是杂志，开始研究财经消息。

大家都在猜，老曲怎么成了现在这个样子。从滴酒不沾，到现在天天买醉。

两位好事的客人聊起这事，揣测背后缘由。他们谈得激动，便在酒吧开起赌盘。有人下注是因为感情因素，和老婆争吵；有人猜测是家庭因素，听说老曲的女儿嫁了个穷小子，把老曲气得不行；还有人猜老曲是不是中了彩票，才会变得那么清闲。

“你们怎么不直接问他呢？”迈克笑说。

“那多没意思。”客人回答说。

这晚老曲走后，两位客人偷偷跟在老曲后面，想一探究竟。

一周后，警察来到酒吧，向迈克询问有没有见过两位客人，迈克才知道那两位客人自跟踪老曲那天起，就没回家。

老曲来了，迈克、警察看着他，沉默中带着几分疑惑与恐惧。但他们什么都没说，也没问，只是看着。

心理

哲学始于好奇。

人天生有好奇心，所以我们会去追问这个世界的原因原理，想要知道一件事情背后的变化。这里经常会听到一句比喻：“好奇心会害死一只猫。”

这里说的猫，其实是在形容人自己。

想要知道真相，却不见得有本事面对真相，处理真相。

所以当我们谈论如何提问，这不是在考试，要对方交出一份关于真相的试卷，而是试着了解对方的感受，对方的看法。

曾经有位专门医治肿瘤的医生，就谈到告知病人病情这件事的难处。他通常会先问家属的意见，有的病人，家属说他很乐观，可以接受噩耗。医生告诉病人后，病人却选择轻生。

有的病人，家属说他性格悲观，结果却在得知病情后坚强起来，反而捡回一命。

不同于哲学或用来赚钱的商业话术，在咨询领域，提问的意义并非只是了解客观真理，更重要的是了解来谈者的主观看法。

当我们陷入人生的危机，我们去探问“为什么”。

理智的答案，富有逻辑的响应，之所以有时无法让我们宽慰，很重要的原因就在于：

一来我们往往很难验证客观真理的存在，我们对事物的认知总是片面的，就像我们也许可以看见一个六面体的四个面，但我们无法同时看见六面体的每个面。

二来人类的记忆十分不可靠，所以我们对于真相认知的程度，往往随着时间模糊。进而我们会对我们的记忆，产生好的或坏的歪曲。

在华盛顿大学任教，专门研究记忆的洛夫特斯（Elizabeth Loftus）教授，通过多年的研究，发现人类的记忆非常不可靠。

当中又有三项经常为人误解的记忆弱点：

1. 焦点定律。

人们注意力的焦点，往往会在他最在意的事物上，进而忽略其他事物。好比当一个人受到胁迫，如果对方未持武器，有 49% 的受害者能认出犯人；如果对方手持武器，数字降低至 33%。

2. 雅克 & 道森定律。

记忆活动基本包括：习得、保留、检索三部分。一般人一直以为压力越大，记忆的深度越强。实际上，研究证明压力大的时候，记忆力会减退。所以当我们对于某个饱受刺激的经验，诉说得宛如身临其境，很可能我们记得的内容多半都不正确。

3. 记忆重放。

当人们越是不断地在脑中回放记忆，那些错误的、不正确的记忆也会不断在脑海中出现。然后随着次数增多，会使人更加坚信自己的印象是对的，将错误记忆当成深信不疑的真相。

尽管如此，记忆的先天缺陷并不全然是坏事。

因为人的记忆并不像电脑硬盘，只是在进行简单的复制工作。我们通过对记忆的“加工”，改变我们对记忆的认知，对概念的认知，对事实的认知，以至于改变人生观，提升面对挫折等各方面自我防卫与成长的能力。

方法

人的思维模式是叙事性的。

这有两层意义，一层是说人在表达与理解时，不是像辞典一般，而是像写小说一般。很多事情我们的认知都无法用三言两语表达，必须通过诗歌，或是抽象的描述。好比当我们内心因为爱人的离去而伤痛，没有任何一个单纯辞典一般的概念能概括我们全部的感受。

另一层意义，则是指出我们在面对人生各种问题的时候，我们不只是在寻求某个答案，而是又像作家在创作，又像读者在阅读。在奔流的理性与感性、理智与情感中，因为各种刺激产生无数感动。

我们要让自己从人生问题的旁观者，回到人生问题的主宰者。

当我们陷入某种自己都搞不明白的处境，而我们又想搞明白，这时我们可以将问题转化为一种带有创作意义的叙事。这使我们不只是在问问题，也是在回答问题，同时在拆解问题。

某个角度来说，这就如同自己在给自己进行一场咨询：

1. 不要问原因，而是问感受。

当我们越是想要了解自己的问题，感受就越是我们理解这一切的线索。我们要听从感受，顺着感受的来源去探索，而不是跟着逻辑。比如逻辑上父亲不可能虐待幼年的我，但感受最终可能会唤起我们刻意不去相信的过去。

2. 把感受分为主要与次要，先回答主要，但不放过次要。

感受就像一团毛线，当我们在记述的时候，我们可以分出主次。譬如种种难受的感受中，可能最主要的是哀伤，但我们却聚焦在次要的愤怒，那我们可能会跟错线索，把“我觉得自己好可怜”转成“都是他的错”。因为愤怒可能是自我防卫的反应，并不是我们内心真正对一件事物最强烈的感受。

3. 为问题做分类，就像图书分类，将这些分类写成不同的笔记。

有些无法一时间解决的情绪、感受、困惑，我们可以先记录下来，将其分门别类。可以按照“情绪的类型”来标记，然后一点一点地完成这些笔记。当我们陷入类似的痛苦，我们也能拿出该类的笔记继续记述，或查看过去对我们有效的应对方式。

结语

正如思想家伏尔泰所言：“人生来是为行动的，就像火总向上腾，石头总是下落。对人来说，一无行动，也就等于他并不存在。”

当我们记述感受，去洞察感受对我们自身的意义，便更能体察到自我的存在，更容易找到自己活着的位置。

5-3
确认：重要的事情要说三遍

故事

阿彼波德高原上，有个洼地，洼地中央有座盐山。

这座盐山被称为圣山，大陆上的居民有个传统，一生至少要来盐山朝拜一次。

不过，有些人没有资格朝拜，他们甚至只能在洼地的外围。这些人是战争中被俘虏，或是被买来的奴隶。

“奴隶没有资格朝拜神。”阿彼波德的祭司在布道大会上对信众说。

祭司们有一套听起来非常冠冕堂皇的理论，他们说保持信众的血统纯净，是为了维持神对人世间的赐福，维持人间的平安喜乐。

奴隶们也将信将疑，对盐山敬而远之。他们并不稀罕，奴隶们有自己的神，有自己的信仰，有自己的祭拜方式。

高原的国王在狩猎中受伤，医生们都无法把他治好，为此他转而寻求祭司帮助，但高原的神也无法唤来奇迹。于是国王在各处贴上公告，表示谁能治好他，就把千金、美女和广阔的封地赐给他。

一位奴隶斗胆献上一策，召唤奴隶的巫医给国王治病。国王病入膏肓，索性不理会大臣们的劝阻，接受奴隶神的治疗。没想到过了没多久，国王就从病中痊愈。

祭司害怕自己的位置被剥夺，派人刺杀奴隶的巫医。

另一方面，康复的国王觉得自己给奴隶那么多钱、女人和封地，实在不划算，于是反悔，只愿意给出不到当初承诺十分之一的赏赐。

奴隶无力反抗，只能接受国王的决定。

当晚，国王在梦中见到高原的神，神问他："为何不认我？"

国王支吾其词，无法回答。

第二天早上，国王起床发现自己哑巴了。

心理

相对于其他动物，人具有高度智慧。

但这种比较出来的高度，并不具有绝对的压倒性。因为在人类的群体中，还是可以分出不同智慧的人群。

智慧又和智力有点区别，智力是一种可以通过质性或量化测验，取得一个具体智力指标的数值。

从心理学的角度，智慧接近心理学家卡特尔（Raymond Cattell）说的晶体智力（Crystallized Intelligence），会随着人生经验、阅历的丰富，不断成长。一般说的以生理为基础的智力，卡特尔称为流体智力（Fluid Intelligence），会随着生理机能的衰退而衰退。

所以一般我们谈智慧，无法用“我的智慧几分”来表达。智力或许可以看测验与分数，但智慧看得更多的是那些很难量化的应对进退：一个人懂得人性弱点，懂得心理常规，进而做出避开心理弱点、不被心理常规所囿的积极应对，使所遭遇的问题得以解决，达成某个积极的目的。

所以理想来说，能把事情做到极致的人才，往往两者兼具。

此外，无论是智力或智慧，都离不开认知。认知的总体对象，我们可以称为经验。有的经验是当下被经验的，比如我在看一部感人的片子，有的经验是不断被提取的，好比我通过和过去恋人的对比，了解自己到底适合跟什么样的人在一起。

然而，人不像电脑，一旦把我们的经验，储存为记忆，也许我们对过去经验的看法和想法，会随着时间流逝产生变化。

人是一种健忘的动物，但健忘不打紧，人还是一种造谣的动物。

经常我们会被自己创造出来的假象迷惑，譬如人具有过分乐观的倾向，很容易对自己完成一个任务的时间，给予过分乐观的评估。

这和另外一个心理现象相似：人即使面对虚假的记忆，还是可能因为它重复在脑海中出现而慢慢被说服，将虚假的记忆视为真记忆。

学者塞西（Stephen Ceci）和布鲁克（Maggie Bruck）曾经进行过一个经典的儿童实验，他们问四岁的孩子，之前有没有因为被老鼠夹夹到手，必须去医院的经历。

这些孩子都没有类似经历，刚开始都否认。但当研究者不理会他们的回答，继续问下去，包括问被夹到的感受和动作，几轮之后，不少孩子都表示自己被夹过，因此被送到医院。还编造出各种被夹伤的虚假理由，为此还当场泪流满面。

相关的研究，包括如果我们每天告诉自己很爱枕边人，确实会增加我们对枕边人的爱恋。

这意味着我们天生都可能被自己创造的谎言所骗，有时候某些“谎言”可能会成为我们赖以维生的信念，使我们奋斗下去，但有些谎言却成为我们逃避人生课题的借口。

有时我们不太容易看清当中的差别，因为我们徒有智力，却没有足够的智慧，去分辨心理常规的陷阱。

好比心理学家格拉瑟（William Glasser）在《选择理论》一书中举的例子，某些人总是让自己陷于痛苦中，无法跳脱自己创造的伤害循环。

其中一种伤害就是控制，格拉瑟认为控制有四种情况：

1. 你想别人去做他们不想做的事。

2. 他人试图让你去做某些你不想做的事。

3. 你和他人都试图让对方做彼此不愿意做的事。

4. 你强迫自己去做非常令人痛苦，甚至是不可能达到的事。

格拉瑟发现，如果我们真的认定某个人是我们的好朋友，是能带给我们幸福的好伙伴，我们就比较不会强迫他们去做不想做的事，因为这可能使我们失去他们。

可以说控制背后的动机，也许不是从中得到什么，而是害怕失去。

然而，某些人却看不见自己的害怕，所以无论他控制得再多，他的害怕仍旧在。然后他可能会因此加深控制，而不是放下控制，转而去处理他的害怕。

所以有智慧的人，他能看透害怕之外包裹的表象，明白自己受限于记忆的不可靠。换句话说，事事都依赖自己的判断，其实并不可靠，无论过去的自己有多么强大。

就像电影《美丽心灵》（*A Beautiful Mind*）里的主人公，他患有精神分裂，当他不能确定眼前的人是真人，还是他脑中的幻象，他就会询问旁边的人找答案。

反过来说，光凭智力去处理一切，可能只会使一个人把心思放在如何有效控制上，让自己成为趋近完美的机器人，却在这个过程中不断失落自我。因为人终究不是机器，我们越是想要和自己的脆弱本性对抗，我们就越在无形中使自己受苦。

所以那些以为自己特别聪明，能瞒天过海的人，他们在投机取巧的过程中胆战心惊。或许有些人逃过一时的追究，但曾经有过的恐惧与惊慌还是会跟随他。

也许我们并没有那样的胆量，我们有良知。

在这样的情况下，我们需要的是接受自己生理的衰落，学习敞开自身，好让自己在衰落中，与其他智慧高于自己的人在一起。把自己变成一座桥，使人与人之间的智慧产生连结。

然后，我们就会在彼此的生命中，更好地去定位自己在人生每一刻最舒适的位置。

方法

我们可能因为不断重复的自我强迫性思维，改变我们对于事情的看法，以及意志，使我们走入黑暗，沉沦于软弱。相反地，我们也能借此强化自身的积极与正向心理。

因此，我们若能把这项人性的“弱点”，放在对的地方，那么反而能成为我们生活的助力。

我们可以按照以下步骤去做：

1. 挑出我们渴望得到的正向思维。

譬如“勇气”“诚实”等。

2. 将我们的正向思维和具体的事情链接。

譬如“每天写一封情书给她，是我需要的勇气”。

3. 为实现上一条列出的事情，做具体的筹划，然后定下这个筹划内容的难度。

也许你觉得是十分，也许是一分。

4. 具体写下为什么你认为这件事情那么难做到，这包括两方面："想法"和"行为"。

譬如在前述的例子里，做不到是因为缺少勇气吗？

5. 就我们的想法和行为，分别定出做不到的难度，一到十分。

面对很难做到的部分，想想也许我们能够改变的，不是想法，就是行为，或者两者都需要改变。

6. 设立一个"假性人偶"，作为我们实现想法的对象。

好比我们想要写情书告白，我们可能没办法直接做到，但我们可以通过假性人偶来练习。进而厘清到底是想法阻碍我们，还是行动出了问题，或者两者都需要改进。

7. 用练习中得到的经验，回头去修正我们原先渴望得到的概念。

在练习中，我们可能对勇气有了新的认识，那么我们修正对勇气的看法，或者实现这个富有勇气的行动。

8. 还是无法行动，就回到第三点重新开始。

如果发现过程中，我们的目的已经有所变动，那就回到第二点开始。如果连目的都失去，或对正向思维的意义有新的需要，那就回到第一点重新开始。

结语

现实疗法的创始人格拉瑟说："检视你自己的人生，我们无时无刻不在行动。所有重要的、有意识的行为，也就是所有与满足基本需求有直接关系的行为，都是你自己选择的。"

5-4
发现：开启更多的可能

故事

情人节快到了，阿东准备拿出攒好的钱，买一只戒指，向交往两年的女友菲菲求婚。

“年轻人，你想要什么样的戒指？”金饰店的店员，听到阿东说买戒指是为了求婚，眼睛都亮了，心里估量为了这个理由买戒指，肯定不会吝啬。

看了大半天琳琅满目的戒指，阿东眼睛都快花了。

店员见他迟迟下不了决心，其他店员有的已经做完一单生意，有点失去耐心，语气开始焦躁。

“就……就这个吧！”在店员快要摆出臭脸前一刻，阿东终于挑好戒指。

与其说带着戒指，不如说带着忐忑又兴奋的一颗心，阿东来到约定好的餐厅，脑海中止不住想象菲菲接受他求婚的画面。

菲菲没来，她发来一条短信，说自己永远不会来了。阿东给菲菲打电话，电话中，阿东一个字都听不进去。

面对菲菲一连串的理由，阿东在路口对着话筒嘶吼：“告诉我为什么？为什么！”

“对不起，东哥，我真的没办法继续跟你走下去。他对我太好了，好到我没有办法离开他。我知道自己对不起你，也对不起他。我不想一直说对不起，说对不起好累。我想离开你，也离开他，一个人静一静……”

阿东把戒指拿去退货，店员不给退。

阿东当着店员的面，把戒指吃下去，吓得店员打电话叫警察，还叫了救护车，把他送到医院。

最后，阿东的情人节是在医院度过的。

心理

有些人活在分裂的世界里。真实与虚妄，宛如一杯拿铁，你知道是咖啡和奶做的，但你无法割裂两者。

就像故事开篇的阿东，他满怀希望地想要跟女友求婚。

女友心底有另一个人，他隐约知道，只是一直没去证实。可能是懒得去做，也可能自我说服的力量太强，以至于在美好的希望破灭之前，他选择视而不见。

倒不是说这样的人欺骗自己，就是在做戏，而是他必须切割自我的一部分思想，好从痛苦的经验中保持稳定的自己，不会被过往的、现在的，乃至于尚未降临的创伤毁灭。

这种难以言喻的情况，宛如让自身处于一种分裂的状态。把自身分成：想要的那个自己在心底潜藏着，不敢出发，而说出来的永远和自己心底想要的，保持一段距离。

用叙事疗法创始人麦克·怀特在《叙事治疗的实践》（*Narrative Practice：Continuing the Conversations*）中的说法，这种情况意味着一个人将他生命中的事实，以及事实带来的伤痛，用大脑切断了。

可以说，这使我们拥有两套记忆。一套记忆关于当时的事实，一套记忆关于经过重新加工的事实。

当时的事实，基本被封存起来。有时一位饱受创伤的人，他更愿意相信经过他重新加工的事实。

加工指的是对已经发生的记忆，重新给予一个不同的故事。

好比一位幼年受到父亲虐待的人，他将父亲虐待的儿时记忆缩小，放大父亲偶尔善待他的时刻，忽略多数时候父亲对他的折磨。甚至可能会创造出一个新的故事，记忆中父亲的形象被逆转，从虐待狂变成慈父。

但这种故事最终不会被自己内心全盘接受，这时就有可能产生分裂，分裂会给我们带来心理痛苦。如上述提到的人他平常表面上心情平静，实际上所有跟父亲有关的事物都会触发他回到那个现实的记忆中，逃避与反抗，只会带来更大的拉扯。

进而，当我们说"'我'受到伤害"，这句话麦克·怀特认为指的是我们内心珍视的某种价值，被另一个人无情地粉碎。

这些价值可能包括我们的目标、信念、抱负、希望、梦想、价值观等，当中有我们对于自己生命的承诺，我们希望自己幸福的目标。可是这些都随着那个伤害我们的人被粉碎了，仿佛我们永远不可能实现目标、把握信念、实现抱负、美梦成真。

我们的人生被停顿在过往，那个受伤的时刻。

这种分裂同时也是时间的分裂，过去那部分的我和现在的我，好像没了关系。

当我们认为和某部分的自己不再有联系，陷入分裂，我们就失去了成长的可能，就像小说《白夜行》中的男女主角，他们为了掩饰童年时期犯下的错，不断地说谎，以至于他们错过了成长中该有的美好，把人生埋葬在谎言中。

方法

麦克·怀特通过心理学家威廉·詹姆斯的观点，认为要让来谈者避免自我分裂，必须要想办法帮助来谈者进行自我觉察。

逐渐使来谈者能将关于创伤的记忆，带到现在，在咨询师的帮助下重新审视那些记忆，然后融入现在的生活里。

这听起来很困难，但我们可以换个角度去看所谓的整合。

整合，其实就是把握两个“简单”，一是面对最简单的自己，二是用最简单的方式面对自己。

好比你在一段关系中，你希望得到更多的同情，那往往只会有两个结果：你得到了同情，或者你没得到。

没得到会让我们伤心，让我们感到不被爱。

然而，同情也不是爱。

所以，如果我们想在一段关系中得到爱，就不要去追求爱以外的东西。包括同情、怜悯、施舍、性高潮……那些让我们满足，但并不是爱，而是游走在爱边缘的东西。

要爱，就去追求爱，这也将带来两个结果：你得到爱，或者没得到。得到了，你高兴；得不到，至少你确知他真的不爱你，而不是同情、怜悯、施舍、性愉悦，或是拿你当备胎。

这就是为什么有些人爱得很痛苦。因为他们畏惧失去，导致不敢说出他们真正想要的，而是净说些不着边际的东西。

其实，当一个人害怕去跟另一个人索取爱的时候，他心底其实很清楚，那个人已经不爱他了。

把这个道理用在任何关系上，你将发现，所有原本混乱的关系，都变得纯粹许多。

因而，回归单纯，方能整合自我。整合自我，我们才能迈开步伐去开拓人生，才能谈所谓更多的可能。

这个目标，可以通过叙事练习来实现：

1. 把手机之类的电子产品，全部收进抽屉里，告诉自己“我今天不需要你们”。

2. 带着一颗简单的心出门。

3. 选择一辆公交车或地铁，坐上去，完整地坐到一端的终点站，再坐到另一端的终点站。

4. 在陌生的站下车，走出那一站看看。

5. 回到家，把今天看见了什么，好好想一遍，最好做个文字记录。

6. 准备再次搭乘这辆车，回到上一次来的地方，这之前仔细看看上次的记录。

7. 对照上次来的记录，去体察和上次有什么不一样，遇到哪些不同的人事物。

8. 给两个故事取不同的名字，把故事说给你认为可以安全诉说的人。然后问对方比较喜欢哪一个故事，对方为什么喜欢。好和对方一起站在第三方的角度，讨论这个故事。谈谈该如何规划下一个旅程。

9. 如果内心对这个人有安全感，可以尝试揭露自己在故事中的角色，和对方谈谈旅程的内容。

如果没有也没关系，带着反馈，以便于自己计划下一次的旅程。这还有一个作用，就是通过类似的活动，使我们换个方式诉说创伤、表达创伤，从而使创伤从我们的心灵里流出。

结语

在“我从哪里来”，到“我要去哪里”之间，隔着一万个分裂的自我。

当我们在过去捡拾不到某些部分自我时，也许我们就不该再纠结于过去，很可能那些失散的自我，散落在未来。唯有走到未来，才能与更完整的自己相遇。

5-5
评价：相对来说，我喜欢你；总的来说，我讨厌你

故事

地球经过人类数千年的使用，资源被消耗殆尽，无法提供足够的空气和水。人类决定放弃地球，移民到其他星球。

临走前，地球上的居民决定把地球卖掉。几大银河系都有外星人来竞标，他们大多对已经濒临死亡的地球感到不满意。

来自W571星球的观察员PG，他也觉得地球已经不适合购买，进行投资修复。就在他要离开地球的前一天，他遇到一位老先生。

老先生和十几条狗生活在一起，他按照过去几十年的惯例，喂食它们，关怀它们，就像一家人似的生活在一起。

PG问老人为什么还不离开地球，是因为没钱吗？还是舍不得呢？或者有其他原因？问老人的同时，PG不断拨动手上的通

话器，希望连线到外层空间的超级智能电脑，但宇宙最好的电脑，也没办法提供确定的答案。

“我们总有一天要走，就像总有一天地球要灭亡。我想过许多离开的理由，但没有一个能说服我。”

“所以，你是要和地球共存亡吗？”

“是地球要和我共存亡，不！应该说全宇宙和我共存亡。”

PG在老人家，喝着他煮的茶，玩了一会儿老人的狗。然后他发了一个信息回母星，告诉他们自己决定辞职不干，留在地球。母星的人都说他疯了，PG觉得自己可能是疯了，但那又如何呢？

心理

首先我们厘清与“评价”相近的一个词语，就是“评估”，两者的区别如下：

1. 评估。

比较专业的用语，通常指的是通过“高低”“多寡”等具体“程度”的估量结果来判断评估对象是否合乎标准。评估更多针对的是“可行性”。

2. 评价。

日常用语，关于个人感受的“好坏”，偏向主观的、不标准的一些个人想法与意见。评价更多针对的是“对某个人事物的感觉好坏”。

当一切都很平稳的时候，困扰我们的，不是专业评估，而是评价。因为评价具有主观性，牵涉到我们的直接感受。好比你喜欢一个人，即使所有人都说他不好看，只要你觉得他好看，那就是好看。

我们生活在一个充满评价的社会，早在我们出生之前，评价就在影响我们。

如果不是亚当和夏娃，他们没有其他选择，只能选择彼此，那么只要多一位男人或女人，可能都会让他们陷入纠结之中，想着："我该和哪个人在一起？或者我跟他们所有人在一起，或者我不要和他们任何一个人在一起？"

当我们说"人无时无刻在做什么"，另外一层意思就是，"人无时无刻在做评价"。

评价是选择的参考，我们每天都在进行数百上千次的评价。只是某些评价逐渐形成习惯，习惯逐渐被我们忽略。大脑通过这种自动化的方式，使我们更能将智力用在困难的新问题上，而不需要对生活的全部细节，重复进行估量。

然而，当一切都不好的时候，或者出现问题的时候，评估的活动就会展开。

平常我们并不会注意到自己不断在进行评估，可是当我们需要处理一个特定的、有目的性的问题，就会开启评估的行动。

好比当所有人都穿制服的时候，我们并不会去思考"我该穿什么"。但如果今天要参加一场重要的会议，我们会思考怎么穿合宜，怎么穿对我们的事业有帮助等问题。

平常我们拿起杯子喝水，我们不用每次做这个动作前都考虑一番，但如果今天我因为打篮球，伤了惯用手，那么我喝水的时候，可能就会想“我该用左手还是右手拿杯子，才不会影响我的伤势”？

越是重大的人生问题，我们的评估就会越仔细，好比“我该不该和这个人结婚”“我是否该离开工作十年的岗位”等，这时评估活动和我们困扰的程度，内心纠结的程度便息息相关。

错误的评估或评价，可能会导致我们做出一个令人后悔的选择。

现今的营销心理学、行为经济学或广告学，都通过对人内心评估与评价心理的研究，让人们更容易做出有利于销售的行为。

这意味着，评估与评价作为心理活动，并不是全然理性的活动。因为我们参考的标准和工具，经常只是来自我们的经验，以及粗浅的认识，再加上一些直觉。

也就是说日常评价有太多“想当然耳”的成分。

有个成语叫“疑邻偷斧”，说的就是这种情况。一个人的斧头不见了，他怀疑是邻居孩子偷的，于是看邻居孩子怎么看都不顺眼，好像他长得就符合某些面相学对罪犯的描述。后来这个人找到斧头，才想起来是自己当初没放好，这时再看邻居孩子，又怎么看都忠厚正直了。

我们并不是每次都能准确地做出评价或评估，但每当我们陷入评价或评估的困难时，当我们很难做出选择时，这个当口，才真正反映我们内心的特质，我们的性格，以及我们的喜好与需求。

平常过太平日子，并不能真正检验我们做评价或评估的能力。

方法

既然我们很难做出非常准确的评价和评估，难道我们就放弃这么做吗？

在不确定评估得对不对，或者面对自己过去做出的错误评价，导致错误选择，使我们内心纠结、痛苦或受某种情绪折磨时，我们该怎么做。

1. 看看自己受到内外因素影响的程度。

如学者罗特（J. B. Rotter）指出，我们可以把人的人格倾向分为“内控型”和“外控型”。内控型的人更容易自我责怪，外控型的人则更容易把错推到别人身上。这可以用来检视我们的评估，到底是自己判断有误，还是我们实际上受到外在因素干扰，使我们无法做出正确的抉择。

2. 重新梳理我们当时的“感觉”。

感觉会使我们夸大过往评估后导致失败的感受和原因。但实际上，无论我们当时做的评估结果是什么，我们可能都会做出同样的选择。就像有时我们看中一样商品，想买的念头会使我们有意无意忽略已经观察到的一些不好的特征，而让我们更加关注那些好的。

3. 试着接受自己当时的评估能力，当时做出的选择其实可能已经是那个时候最好的选择。

对曾经年少的我们来说，那就是最“好”的选择，就像中学时期翘过的课，曾经爱过的渣男，当时我们就是那么不成熟，但我们还是尽力做了评估，给出选择。所以我们如果从中学到教训，那么这些失败就转化为某种学费。

4. 把我们付过的学费，走过的错路都写下来。

把这些变成未来新的人生目标，譬如我们要把这些学费赚回来，而不是当成过去的耻辱或污点，因为过去的东西我们永远无法改变，无法追回。但我们可以设定新的目标，从而找到新的动力。

结语

评估的目的是选择，选择会带来结果，结果会带来代价。

当结果不如我们预期，原因可能超出我们自身评估的因素。

后悔本身无法改变过去的选择与结果，但我们可以就此评估，我们是要继续将生命的成本浪掷在悔恨中，还是把时间、精力投注在新的、未来的投资上。

5-6

选择：是谁，决定了我的快乐与哀愁？

故事

刘章是音乐系教授卡萨蒂见过最有潜力的天才。

六岁的刘章，不像其他一些天才，擅长弹些高难度的炫技曲。

他擅长把音乐演奏得很深沉，听众能听见他在乐句中的思考。他不是一味求快，而是试图用自己的小脑袋去理解那些音符，转化为内心的故事，说给别人听。

卡萨蒂太喜欢刘章了，帮刘章申请到音乐大学的奖学金，还包吃包住。

刘章出国不久，却被检查出患了肌肉萎缩症。医生诊断不出一年，刘章将无法演奏钢琴，不出三年可能就会一命呜呼。

迫不得已，卡萨蒂只好将刘章送回老家。

刘章的父母没有钱支付高昂的医药费，刘妈妈天天以泪洗面，刘爸爸也不知道该怎么安慰妻子，难得的是刘章表现得很坚强，好像对于死亡他看得比成人还通透。

“我想办场演奏会。”刘章央求父亲。

“市里演奏厅的租金很贵，阿爸没钱。”刘爸爸痛恨自己的贫穷，但他不想欺骗儿子。

“没关系。”

最后，刘章的演奏会借用附近小学的礼堂举行。没有平台钢琴，只有一台用了二十年的直立山叶钢琴。

演奏会上，刘章演奏了他最喜欢的几首曲子。在众人的目光下，他还是充满灵气，看不出已经得了不治之症。

演奏会第二天，刘章不见了，没有人知道他去了哪里。

心理

人生有两条路，这两条路并非成功或失败，而是乐观与悲观。

悲观的人，即使获得成功，他可能还是会陷入“冒牌者效应”，感受不到自己的好，而是专注于自己的缺失。

相反地，乐观的人往往具有容易满足的特质，他们更容易享受自己的成功。具体来说，乐观的人对自己更有自信，即使面对挫折，也能对未来抱有希望。

那么乐观与悲观，是天生的吗？

研究发现，确实有所谓乐观的基因——5-HTTLPR。此基因有三种形态。并且，拥有长版等位基因的人更容易展开正面思考；拥有短版等位基因的人，思考容易偏向消极。

从心理学的角度来说，乐观与悲观还可以用一个指标来区别，就是“适应性”。乐观的人乍看适应性高，悲观的人乍看适应性低。

巴黎高等商学院社会学教授勒诺瓦（Frédéric Lenoir）谈到，人天生具有适应性，也就是有适应环境，使自己生存下来的能力。

适应性的高低，基本可以决定一个人忍受痛苦的程度。好比耶稣基督忍受常人无法忍受的痛苦，扛着沉重的十字架，躲避着士兵一路上的追打，完成最后的救赎。

但适应性高的人，却可能为自己带来负面影响，勒诺瓦说：“我们因此能够适应不幸，从而不再追求幸福；或者自认为足够幸福，而不再追求改变。”

这也是为什么有些人看起来比任何人都坚强，但却也比任何人都不幸。

因为坚强的人，往往更能忍受痛苦，却也因此当一般人都选择逃跑，或者寻求安慰时，他还在一个人苦撑。

另一方面，就像森林中的狼，他们必须时时刻刻保持敏感的神经，以避免突如其来的攻击。

当我们经受心灵的创伤后，我们的大脑往往会为了避免危险，把注意力更加集中于负面的事件，更关注危险的、痛苦的、让人不快的消息。

现代社会的焦虑，充斥在网络各处，虐童、谋杀、雾霾、地沟油、受污染的农作物、罔顾人命的不合格建筑……仿佛生活处处是危机，我们没有选择，只能等死。

这些消息的曝光，会形成一种恶性循环，让人感觉生活环境是不安全的，而不安全感越强，我们反而越会去注意更多负面的消息，进而使我们的不安全感增加。

这是人的适应性最吊诡之处，当我们觉得社会不安全，有人告诉我们其实社会是安全的，我们反而会去找各种不安全的证据，去说服他，同时强化自己的信念。于是，我们最终就会彻底被自己说服。

1. 适应性高的人，他能够在不安全感充斥的环境下，努力求生，但他可能并不会因此更加快乐，尽管表面上他能更好地维持生活正常运转。

2. 适应性低的人，则可能每天被恐惧与不安环绕，使他更多地关注相关消息。这时生活比较正面的消息，他是视而不见的，那些不安的消息能够增强他对社会的认知。

那么微博或公众号的评论中，充斥各种负面的发言，反映出的只是网络暴力吗？

我想从社会心理学的角度来说，这是很正常的一种心理表现。因为关注负面事件的人，他们对于自己的生活状态充满焦虑，而当他们表达出对新闻的负面看法，实则是在表达自己的焦虑。

因此这时我们可能需要意识到，我们正在让自己适应不幸，并且强迫自己去相信这个世界就是如此不幸。

最终我们成为一个由内而外都彻底不幸的化身。我们不再相信有幸福的可能，同时告诉别人："你们也不可能得到幸福。"

方法

在抑郁症的治疗中，研究发现有一半左右的抑郁症患者会在痊愈前停药。因为抑郁症已经陪伴患者多年，即将痊愈反而会让患者产生一种复杂的情感，仿佛要和熟悉的那部分自己彻底分离，自己可能不再像自己。

这意味着生活将有大量的转变，可是抑郁症患者不见得已经准备好面对这些转变，反而这些转变本身，比起痊愈可能带来的好处，更让他们畏惧。

因此在乐观与悲观的命题中，潜藏着适应性的标准，而适应性的标准之后是对过往经验的负面诠释，以及对未来的消极想象。

我们可以玩一个关于"诠释与想象"的游戏：

确实恐惧总是生活的某个部分，但我们不要回避它，或低估它，显得过分乐观；也不要放大它，好像我们非常弱小，显得过分悲观。

首先，我们可以拿出一本笔记本，或是在电脑里新建一个文件夹。

给每天生活中常见到的小动物取名字，仿佛它们是恐惧的化身。可能我们恐惧的对象不止一个，那么也可以让这些恐惧的对象组成一个小分队。

接着，我们设想每天要跟小动物做些什么。

我们可以想象有哪些互动，比如准备饼干喂食它们。我们还可以观察它们的生活，诉说我们对它们的心得与想法。

这个练习的目的，是前面章节中谈到，关于具体化和想象的运用，让我们把恐惧变成生活中的一部分。

结语

世上只有一种英雄主义：接受生活的不完美，矢志前行。

5-7
履行：我们是自身行动的总和

故事

美丽地又被称为山之国，这里有一座有千年历史的古神殿。神殿的祭司千百年来由海蒂家族继承，据说海蒂家族的成员，流着蓝色的血，是神拣选的地上代言人。

威廉是现任祭司，他对继承人一事感到苦恼。去年，他唯一的儿子因为急性肺炎去世。到现在这还是一个谜，为什么他在一个没有任何污染的山之国，却得了长期处于空气污染环境里才会染上的病。

威廉的儿子留下两位遗孤，哈利和黛安这对双胞胎兄妹。

比起哈利，黛安幸运得多，祭司必须由男性继承，在威廉过世后，哈利就被迫天天学习，连玩游戏的时间都没有；黛安则不用接受这些，只需要活得像个孩子。

威廉去世了，他的大臣立刻准备哈利的继任大典。结果哈利意外摔死，留下妹妹黛安。

大臣们为了安抚民心，决定让跟哥哥长得极为相似的黛安假扮哥哥，继承祭司之位。

美丽地就此诞生了一位女祭司，却从未被人知晓。

心理

“我要的是真相！”这句话大概是咨询室中最常听到的谎言。

谎言，意味着有人说谎。就像电视剧《豪斯医生》中，男主角常说的：“每个人都说谎。”

既然说谎是普遍的现象，与其避免说谎，不如去研究为什么人要说谎，以及说谎带来的“好处”。

是的，好处。

心理学家弗洛伊德谈人的自恋，阿德勒谈自卑，无论自恋或自卑，都脱离不了人对于自身的矛盾心理。多数人不会觉得自己是完美的、顶尖的，但会觉得自己至少比及格好一点，比普通高一些。

有个心理学实验谈到这样的现象，拿十张照片去问学校里的男女学生，请他们就照片上的人排出一个好看不好看的顺序。排好后，再请学生把自己的照片放进这十张照片的序列中。实验结果是，大多数学生不管自己到底好看不好看，都认为自己至少应该比长相“六十分”的人好看一点。

同样地，偶尔我们会觉得自己很糟糕，但不至于认为自己是世界上最糟糕的人。也许因为短时间的失败，我们会一时有这样的感觉，但随着心情逐渐回稳，我们便不再觉得自己差到极点。

当人们去做一些貌似自我损伤的事情，乍看好像对自己不利，实际上并不存在对自己不利的选择。人们总是做出对自己有利的选择，只是有时候那个“有利”不容易被察觉，甚至被有意隐藏。

譬如某些父母经常把他们的牺牲挂在嘴边，好像他们是世界上最伟大的父母，他们用自己的不幸去成全孩子的幸福。表面上，他们吃亏了，实际上，他们沉浸在这种“自我牺牲”的感受中，这使他们得以为此感到骄傲，在痛苦中得到快感。

这就是谎言的意义，人们用谎言去包裹某种不好意思说出口的利益。

好比在基督教中，最难抵挡的一种罪叫作“虚荣”。

很多人把谎言装点得非常漂亮，以避免被人指责虚荣。但实际上，他们无时无刻不沉浸在虚荣之中。

所以有时人们说他们要真相，实际上他们要的不是真相，他们要的是有人告诉他们，他们是对的。让他们感觉自己是错的，那就不是真相，令人怀疑。

有时某些来谈者渴望被“打醒”，通过某种外在刺激，使他们幡然醒悟。好像他们已经准备好接受真相的洗礼，使自己终于能够从某种不好的状态中解脱出来，达成对自我或境遇的改善。

然而，这种祈求注定是徒劳的，因为咨询师不能接受来谈者所有的要求，使咨询被控制在来谈者手中。就像孩子哭闹，要吃糖，父母就给他吃糖，这对孩子的健康有害，还会对孩子的社交能力、自控力、情商等等方面的能力培养产生不良影响。

社会上充斥着这类包装过的真相，包装过的道德。就像基本教义派的宗教团体，极其排外，却又以正义者自居。

吉尔吉斯斯坦总统的女儿沙吉耶娃（Aliya Shagieva）将自己哺乳的照片放上网络，对自己的照片，她注解道："不论何时何地我都会给我的孩子喂奶，只要他有需要。"

还说："我被给予的身体并不下流，它具有功能，目的在于满足我孩子的生理需求，而非被'性欲化'。"

沙吉耶娃的举动在吉尔吉斯斯坦国内引起轩然大波，许多人都站在道德这一边谴责她。但他们所谓的道德，就像是在有女性被强暴的时候，声讨女性"穿得太性感"之类的声音，他们谴责受害者，却忽略了真正应该被谴责的本该是强奸犯。

正因为某些男性把女性的乳房看成"性交"的符号，才使得露出乳房变成一个必须被谴责的行为。

追根究底，把乳房遮起来，根本不是为了符合道德，而是让某些意志薄弱的男性不要犯傻。就像一位有酒瘾的人，要别人不要在他面前喝酒，以免他忍不住又去喝酒。

试问这位酒瘾者要是又喝了酒，难道是那些在他面前喝酒的人的错？

方法

我们是自身行动的总和，我们要为自己负起全部的责任，因为只存在一个真相，就是我们在跟自己的欲望战斗，在跟自己的软弱战斗，这个战斗不会停止，这个战斗的过程非常丑陋，无论我们用任何高贵的名词去代称它，也改变不了这个事实。

我们可以试着去书写一个黑色童话，好真正揭露自我，看清关于自我的真相。然后用真相的视角，去回溯我们有过的选择，然后我们才能更好地了解，为什么我们走到现在这一步。

1. 想象一个你能想到的最恶劣的人性特质。

譬如“贪婪”“好色”等。

2. 对于你想到的恶劣的人性特质，想想这个特质发散的行为是什么。

这部分，想得越具体越好。譬如你想到的贪婪，可能就是你在生活中看见某个亲戚，他是怎么因为对钱的贪婪，拿了不该拿的钱。

3. 写出自己认为有了这样的行为后，可能得到的后果。

换句话说就是应该得到什么样的报应，对于报应可以天马行空地想象，可以是超自然的画面。

4. 完成以上的练习，回头检视自己。

哪些我们的人性特质，我们做的事情，我们以某种“对自己有利的说辞”加以掩饰。我们是否迄今仍无法摆脱受害者心理。

5. 承认自己的错。

如果觉得自己承认有点心虚，找个你认为能倾听你表达错误，不加以批判的人。

6. 把你所写下的这部分，放在一个盒子里。

从今往后，这个盒子跟着我们，但我们不要被盒子中的那部分自己给影响。就像对于无法切除的恶性肿瘤，我们试着把它转变成良性肿瘤。尽管我们无法完全改变自己，至少可以改变一些。

结语

哲学家雅斯贝尔斯（Karl Jaspers）说：“存在，就是超越过去。”

这个过去，包括好的、坏的、美的、丑的、完好的、有伤疤的……全部的自己。

5-8
开启一部家族史

故事

“陈金土，当选！陈金土，当选！”

三和里的婆婆妈妈喊得激动，站在货车上，为周末选举拉票的陈金土，感激得一次又一次鞠躬。

虽然名字很“土”气，但在婆婆妈妈眼中，他顶着留英硕士光环、三十上下，又长得一表人才，近期多家报纸都能见到他的社论，感觉比过去老迈、行事作风油腻的老政客，显得更有亲和力。

晚上回到家，选民们呐喊的声音，仍萦绕在陈金土的耳朵里。

爸爸坐在电视机前面，电视机还开着，他倒在沙发上，不知道已经睡了多久。放在茶几上的烟灰缸，陈金土把还没熄灭的烟捻断。

妈妈在房间里，一面听某位法师的在线音频，一面读佛经。陈金土跟妈妈打了声招呼，妈妈回头看了他一眼，没多说什么，仍沉浸在她的信仰中。

进到自己房间，打开电子邮箱的收件夹，教授和一些朋友的电子邮件塞满邮箱。然而，打开寄件夹，满满是他寄给前女友，却被对方设定拒收的邮件。

他拨了个电话，打给远在英国的前女友。电话显示该号码已经无人使用，但陈金土还是每天打一次，就像是个仪式。

实际上，陈金土之所以回国，不只因为完成了学业，还因为分手后对前女友的骚扰，让他差点坐牢。

在留学圈传开之前，他选择离开，但对前女友的追踪和骚扰，却还未结束。

心理

我们的人生，从一开始就是一场叙事。

就像一本小说，当我们意识到自己在书写之前，我们就已经伏案在写着自己的故事。

为什么某些人总是絮絮叨叨的，很想把自己的故事说出去，或者看一些精神失常的人，他们把自己的故事变得混乱，却又无法停止表达。原因在于说故事是一种天性，就像终身写作的作家，他没有办法停止，除非死亡。

通过叙事，我们得以体会到自己是活着的。

在人生的某些阶段，叙事的工作不是用话语书写，而是靠我们的行动。

就像一个无法抗拒性冲动的人，他和各种人发生关系，然后在关系中得到快乐，却在高潮后陷入空虚与寂寞，乃至于自责。当他一次又一次地打破对自己的承诺，他陷入更深的自我责备。

自我责备在神话故事中，通常以诅咒的方式呈现。

实则天上真的有那么多的神仙吗？我们不知道，但当我们把自我责备转化为诅咒，把诅咒说成天意，那么这就架构出一个故事。

这个故事从精神分析的角度来说，意味着一个人深受超我的影响。有时我们意识到这些影响，有时我们没有意识到自己被掌控。

成长的过程，就是超我在我们的生命中消融的历程。

如布莱克曼（Jerome Blackman）所述，超我发展在我们成长的关键时期，可以分为三个阶段：

阶段一：儿童期

学习什么是对，什么是错。

阶段二：潜伏期

了解规则，因为超我而产生内疚感。对于公平有所认知，这种认知逐渐形成一种追求。

阶段三：青春期

建构对于伦理道德的基本认识，并身体力行地去遵守。我们内外开始逐渐一致，往思想、人格与行为整合的方向前进。我们使自己成为社会的可靠力量，从自我中心转往社会人，向群体利益靠拢。

因此当我们面对自己当下遭遇的心理困境，之所以要往过去回溯，不是因为我们非得面对过去发生的痛苦，或者任何我们其实试图遗忘的种种，而是在成长之后，重新去看待他们，定义他们。

当时我们因为太弱小而无法保护的自我，现在我们拥有一定的保护能力。我们去重新审视过往，而不是仇恨。

就像美国发起的“Metoo”运动，许多曾经受到性侵害或性骚扰的女性站出来，公开她们曾经遭遇的暴力，并将那些施暴的人公布出来，让更多同样遭受暴力的受害者也站出来，团结在一起，使当年的施暴者无从逃避，负起责任。

当我们进行回溯，我们像是在写一部宛如二月河笔下的《康熙大帝》那样的历史小说，描写的是一个家族的家族史。

我们每个人的性格，是在过去的经验中逐步建立起来的。我们想要处理问题，却绕开这个建构的过程，就好比今天我们要检视一座建筑的材料，却不把结构中的细节掀开来看，那么我们就什么也认识不了，只能靠有限的信息去臆测。

当我们自己不愿意揭开过去，我们同样也只能用臆测的方式来解答自己的问题，那么我们往往就会非常的焦躁，因为找不到答案而陷入愤怒。

我们可以书写一部“家族史”。这个家族史，并不是客观的，而是主观的，关于家族中所有的人，特别是那些给我们带来影响的人，我们去问自己怎么看待他们对我们的影响。

如果一个人的母亲，在所有人眼中是慈母，但对她的孩子而言，她如同母夜叉，控制着孩子生活的一切，控制着他的想法，让他无法独立，甚至使孩子的婚姻也出现裂痕。那么与其说这个母亲有问题，把责任推到母亲身上，不如思考一下母亲使我们有什么样的想法，形成了什么样的性格，我们怎么因为自己的想法和性格，陷入不快乐的情绪当中。

即使母亲死了，甚至这个母亲从未存在，至少我们能从自己的性格和想法中，去探求情绪的来源。

因此这个家族史不是历史，而是一本历史小说。

叙事治疗有时就要深入到家族史之中，因为我们每个人都能区分这本书中的每个角色，我们对每个角色都有看法。

我们本身的人格构成，远比“内心大人”“内心孩子”更加复杂，更像是内心的一个大家族。

很有趣地，在叙事治疗过程中，有的人描绘的“内心家族”有父亲、母亲和孩子；有的有七八个人；有的只有自己，以及一条狗……

这些都在说明我们内心的声音有哪些部分，声音背后组成的是什么样的人格特质，什么样的超我，什么样的价值观。他们在一起相处，部分融合，部分冲突。

然而，每个家庭都有每个家庭的问题，就像每个人都有他的困境。

我们总是要不断地去面对与解决这些问题，而叙事治疗就是当中的一种方式，我们永远不可能解决所有的问题，但叙事治疗能让我们更容易看见问题的面貌。

第五章　总结

我们的父母不是我们的父母，我们的孩子不是我们的孩子。

没有谁是谁的，关系的维持与生灭，靠的是双方对彼此的付出。

谁想要强迫另外一方去做他们不想做的事情，把他们当成“自己的”，就容易陷入无法掌控的痛苦中。

有时我们对自己，就在执行某种控制。把自己分裂为暴君一般的大人，欺负内心稚嫩、需要爱的孩子。然后我们永远都不可能满意，因为我们湮灭了自己的爱。

从这个角度来说，为什么一个社会会出现少子化现象，恐怕是太多人在成长过程中，被控制得几乎要窒息，所以他们不想再被控制，也害怕自己成为控制孩子的大人。于是，最好的方式，就是把整个家族之间一代控制一代的诅咒，终结在自己手里。

第六章

像个孩子去写

当所有人都能回归到某个原初的时刻，仿佛就能走出当下的困境。这不是一种心理上的退行，而是对世间价值孰重孰轻的选择与践行。

就像四季变换，冬天不是结束，而是春天开始的信号。

就像我们并非忘记了恨，抹消了曾有过的痛，我们只是在书写与反复阅读的过程中，重新看见了自己，重新学习用合乎现实的方式，合乎真实自我的方式，以婴儿的精神活下去。

6-1
楔子：写一部小说

前言：创造与新生

综合前面五章，我们完成了解构到建构的基本任务，然后我们开始试着更加自由地书写自己的生命故事。

这里我们要做的，更多的是帮助读者去尝试建立一套属于自己的书写系统，就像让每个人都成为一位作家，有自己的写作风格与习惯。

我们一面做自己，一面从中获得乐趣，并且我们在关系中，愿意邀请其他人和我们共同参与生命故事的书写，对于过去种种，我们也有应对的方式，比如让它成为新的生命故事的一部分。

这是一条通往自我的道路，不只是创造，或者和过去说再见，而是使自己更完整，完整地包容过去的自己，好与现在的自己融合，与未来的自己相遇。

故事

二十年的老福特，轰轰的排气管声，提醒着过路人这辆车的年纪，要他们小心因为车的老化而失控的可能性。但从排气管冒出的白烟（而非令人掩鼻的黑烟），还是可以察觉车主对这辆老车的用心保养。

路人们都不怎么在意这辆车，他们都忙着低头刷手机。

苏伟坐在驾驶座，看着不要命的行人，对副驾驶座的杰克（他珍爱的小猫）诉说内心的想法："你看这些人，都不看路，那路上还要斑马线干吗，给他们一人一条绳子，摸着绳子过马路算了。"

驶到瑞得饭店前，苏伟把车交给饭店人员，带着杰克上到十五楼的演讲厅。

厅里坐满了人，大家都想听这位声名显赫的小说家，经历二十年的空白，对于即将推出的新作，会有什么令人惊喜的宣言。

进入会场，大家都盯着苏伟。他早已习惯，这些年他尽管没有新作，还是经常出席大大小小的演讲、沙龙。

那些对他充满好奇，以及盲目崇拜的眼睛，苏伟看得多了。就像在乡间长大的农民，对璀璨的星夜向来熟悉，只有都市的孩子才会眷恋无数星点的美丽。

苏伟上了讲台，他看见许多新朋友，却不见老朋友。

有些老朋友终究没能活到他这个年纪，苏伟感慨了一下，拿出随身的讲稿，用手指对着麦克风轻轻戳了两下，确认麦克风能正常使用，便开始今天的演说。

“各位在场的朋友，我是苏伟，我是一位小说家。今天，我想跟大家介绍我的最新作品，这本书是我这二十年的生活总结，是我对从事写作这份工作的反思。

过往有许多小说家，自己也写了关于写作生活的书，包括教别人怎么写作的书。但我并没有抱着想要劝诫世人，或是留下什么遗产的念头去写这本书，我只是，除了写作别无其他的兴趣爱好。

好了，我看到有人已经不耐烦了，我懂你的心情，因为坐在底下有时真的不如站在台上舒服。放心，你只需要再忍受不到十分钟，我向你保证，如果超过十分钟，那肯定是我写的讲稿有问题。

现在就让我介绍这本新书《我不是小说家》……”

心理

无论你是从心理咨询的哪个流派切入，咨询所处理的问题，基本上都要面对人的几个方面。

就像叙事治疗，麦克·怀特谈到面对来谈者不同的自我描述，要有不同的应对策略，好比面对自恋的，或是自卑的；面对张扬的，或是自我贬抑的；面对总是表达成就的，或是倾吐苦水的；面对过度保留的，或是过度表露的。

或者是从群体的类型来区分，专门研究婚姻与爱情，或是职业生涯，抑或是关于儿童等。

也有些对问题的研究，针对特定的议题，创伤与疗愈、生死、性等。

以我个人的理解与实践所得，其实所有的咨询都围绕着人的三种心境：理解、期望与接纳。

一、理解：理解错误苦，强求理解也苦。

当我们“无法理解”想要理解的现象，我们就会痛苦。

比如张爱玲面对胡兰成，一个用情至深的人，可能很难理解自己的付出为什么得不到回报，又或者为什么世界上会有人如此冷血。

另一种情况，当我们“理解错误”，我们也会痛苦。

好比在原生家庭的问题中，有些父母以为善待孩子就是要为孩子做一切牺牲，结果却使得孩子形成过分依赖的恶习，反而无法使孩子变得独立、自主，活得并不幸福。

这时父母的善意得不到回报，可能他们会变本加厉地付出更多，以为是付出得不够，却没搞懂其实是他们搞错了方向。

此外，除了理解，还有些痛苦来自“强求理解”。

被抛弃的恋人，他们对自己之所以被抛弃，会进行大量的回溯，想从各种蛛丝马迹去寻找自己“失败”的理由。但很可能这些理由都没有意义，即使回到那一刻，做了不同的选择，也不可能改变什么。

更何况我们并无法回到过去，也无法保证回到过去，我们就真的能够做出不同的选择。

比如在电影《夏洛特烦恼》中，主角回到过去，他能用三十岁的经验去给十七八岁的自己做选择。但现实中，当我们回到十七八岁的时候，我们十七八岁的选择，体现了我们在那个当下的成熟度。

所以并不是我们不够成熟，而是每个人成长的节奏不一样，我们都得踩着过去的脚印成长。

二、期望：得不到苦，以为自己能得到也苦。

期望可以说是一种幻想，但幻想不是空想。

好比金庸的武侠小说，根基于历史与千年的刺客、游侠等乡野故事。

但期望无可讳言地包括某些推测，因此当我们的推测出现问题，或者出现一厢情愿、带有强迫思维的推测或预期，就可能使我们感到失落，或者因为在过程中的误判，使自己陷入痛苦的深渊。

我们总是很难放弃期望，因为我们从小就被期望长成某种样子。

只是有些父母选择了适当的方法，有些采取了强迫的方法。

有的人像蔡美儿，选择当虎妈；有的选择当“陈美龄”，给予孩子自由生长的环境。

我们对自己也有期望，甚至早在我们开始意识到自己期望什么之前，我们就在执行各种期待的活动。

期望背后的推动力是欲望，但欲望并不总是使我们满足，尤其当实践自我期望或者他人期望的代价令人疲惫，我们可能在心底假想期望成真的那一天。

期望的句式是“如果”怎么样，“就能”怎么样。

但这个句式本身具有诅咒的性质，比如有的人认为“只要我考上北大，我的人生就能一帆风顺”“只要我跟她在一起，我就可以什么都不要了！”

“如果，就能”是在脑海上演的假性满足，就像纳粹催眠民众相信希特勒，以及战争终会胜利的电影。

就像棉花糖实验中的孩子，他们试图延迟满足，好获得更多的棉花糖。现实中，人们无法抵抗诱惑，却又无法实现，于是在幻想中实现。

但当幻想和现实再次发生冲突，有些人就逃进幻想的世界，那么他的现实世界与幻想世界产生不一致，这时也会引发痛苦。

这并非一种精神病，只是长期的逃避使人习以为常。

又好比电影《盗梦空间》，或是《黑客帝国》，对某些人来说，他宁愿放弃真实的快乐，活在虚拟的、想象的快乐中，甚至他要的也不是快乐，只要能够从现实中找到一个藏匿自身的地方就好。

这可能是一种生活方式，好比日本的“茧居族”，你不能简单用精神病或是抑郁症去给他们归类。

但如果这样的逃避使一个人痛苦，那又是另外一回事。

理情治疗的方法，或者叙事中重构故事的方法，某种角度来说就是让我们回归现实，但是不是用一种粗暴简单的方式，让我们直视现实的面貌。而是帮助我们寻找一种渐进的、容易接纳的角度，去重新接起现实与期望之间的桥梁。

比如有的人在现实中饱受另一半的折磨，于是他想象有个人爱自己。但他身边并没有一个确立的、温暖的爱他的对象，那么当他不断向外寻找的时候，可能就会把自己视为“缺乏爱的”，甚至是“不值得被爱的”。

但如果通过书写，我们有意识地在故事中，看见自己爱的力量，那么“缺不缺乏”或“值不值得”就都不成为问题。

因为他自身拥有，因为他自身能够给予。

但这并不是说到就能做到，必须花相当的时间，运用前面几章谈到的方法，一点一点去使自己相信：一方面，我们能在现实中活下去；另一方面，我们活下去的方式不会脱离现实，以至于徒劳无功。

三、接纳：既不是放弃，也不是放下。

“放弃”往往被视为一种罪，和许多负面的人格评价绑在一起。

“放下”好像被视为一种品格，是一个人在思想或格调上高于他人的境界。

有些人心理上的痛苦，就来自于对这两者极端的看法。

某个角度来说，“自恋”与“自卑”两股内在的力量，和身边的人，或是某些社会的价值观结合，使这些价值观转为我们对自身的要求，我们就可能因为对自身的要求，陷入另外一种强求之中。

比如当我们的自卑感被激发，但并不足以成为刺激我们变得更好的动力，而自卑会激发“羞耻感”，羞耻感会使我们逃避。

许多人身攻击都和羞耻感有关，曾经听过一个案例，一位女士和父亲感情多年不睦，其中关键的事件，就在于女士在读大学的时候，有一次穿得比较性感，结果被父亲说“穿得像是妓女，不要脸”，让她非常悲愤。

“剩女”“败犬”等词汇，都在引发羞耻感，但有些人似乎以为通过这样的打击，可以使一个人奋发。

实际上，更多的案例是，羞耻只会引发逃避，也就是一种放弃的形式。可是在家庭中，我们会发现某些家长看见孩子逃避更生气，于是就用更难听的话去羞辱孩子，结果孩子只好逃得更远。

放弃的极致，包括杀人与自杀，好使羞辱自己的声音、诱发内心自卑感的来源停止。

至于“放下”，为什么也会令人痛苦呢？

因为有时候我们并没有必要要求自己非得放下不可，或是一定要在很短的时间内放下。不切实际的自我要求，并不能使我们真正接纳发生在我们身上的事件，包括对我们造成的创伤。

过大、过强，渴望复原的压力，若是以放下之类的道德感呈现，一方面我们可能根本无法真正放下，硬逼自己会更加痛苦。比如有的来谈者刚失恋，就希望“一周内好起来”“转天正常上班”。

另一方面可能为了获得道德上的虚荣，假装自己放下，从虚荣中获得存在感，以至于真实的伤口明明还在流血，却要用华丽的外衣遮掩。

有的人经常以自己受到的挫折为借口，用一种悲剧英雄情节，去表达对其他人的鄙视。

像是经常说一代不如一代，其实自己也没有认真活过的老人。或是把人生的成败全部归结为某次的不如意，以此推卸人生其他所有责任，拒绝重新奋起的人。

强求或伪装，都不是绝对的错误，前提是我们愿意接受自己暂时“放不下”的事实。那么我们才有可能把心底的伤痛说出来，使人倾听，使人拥抱我们，而不会因为看见我们貌似“好了”，或是特别坚强，而收敛起他们的同理与同情。

进而，对过去、对自我的接纳才有可能发生。

而接纳之心，就在放弃与放下之间摆荡，就像一个学习走路的婴儿，晃晃悠悠地前进，不时跌倒。

最后，我们才会发现，我们不需要放弃，也不用刻意放下，一切生命的痕迹都在我们身上、心中，使我们成为我们。

结语

开头的故事，陈述着我们在叙事治疗中的某种状态。

为了在真实的痛苦之外寻找一条出路，有时我们会通过小说的方式，在一定的想象和创造中，为自己的生命寻找出口。

实际上，某些小说家正是用写作自我疗愈，譬如普鲁斯特、尼采，以及在恋爱或失恋期间化为诗人或哲人的我们。

苏伟是一位在外人眼中成功的小说家，但他却在人生的最后选择写一本名为《我不是小说家》的书。这突显了生命的荒谬。一来，我们可能不理解我们在做什么，或是我们在幸福的道路上迷航。二来，可能我们对某种职业有过度期望，或是我们以为只要我们成为某种样子的人，就必定能幸福。可结果却让我们失望，因为即使一度很快乐，但快乐的感觉会消退，退到仿佛从未发生。三来，我们可能在接纳自我的过程中，纠结于自恋与自卑的双重影响，在放下与放弃之间摸索着平衡。

于是，苏伟出现了，他以否定自我的姿态出现在所有人面前。介绍一本关于自己，却是打破过去所有人认知的一本书。

正是在这一刻，理解、期望和接纳，如地球、月球和太阳终于和其他行星连成一线。

然后，一切都安静了。

6-2
舞台：像个史学家去写

故事

老张躺在病床上，家人围在他的身边。

大家七嘴八舌地讨论着老张的病情，老张看着每个人的表情和行动，没有太多的反应，只是微笑。

医生走进来，大家的注意力转移到他身上，一窝蜂地围上去问问题。

老张还是笑着，当医生给他做检查，他丝毫没有察觉到医生担忧的神情，而是对医生“明煌，明煌”地叫着。

被大人挤在老张膝盖旁的小孙女，抬头问妈妈：“为什么爷爷要叫医生明煌？”

妈妈回应女儿：“爷爷老年痴呆，他叫的是一位叔叔的名字。”

在老张的心里，有一个跟大家都不一样的族谱，这个族谱里有他的人生记录，有他喜怒哀乐的过往。所有人都看不见这本族谱，也无法理解老张每个微笑背后想的是什么。

大家只是很欣慰，因为老张的脑袋不清楚了，或许身体上的病痛对他的影响也就小得多。

夜深，老张的家人们早回到自己的家。

一个穿着体面的老男人来到老张的病房，他手上有束鲜花，动作轻微地，不惊动一旁看护，把花插上。

男人凝视老张的脸，老张像是第六感还敏锐着，意识到男人的存在，他睁开眼，看见那个男人。老张激动起来，那个男人则显得泰然。

护士站的警报器响起，护士们看见屏幕上老张的心率飙高，赶紧到他的病房查看。

护士：“先生，你是谁？”

老男人擦擦脸颊上的泪，对护士说：“你好，我叫李明煌，是老张的朋友。”

护士看了一眼老张，想确认这个男人说的对不对。

老张的神志一下子变得清楚起来，说：“我跟明煌从小学就认识了，他是我最好的朋友。你不用担心，让我们聊一聊吧！”

听到老张的话，护士放下心，退了出去。

走到门边，护士回头望了一眼，只见老张和明煌凝视彼此，似乎有千言万语要诉说。

心理

之前几篇文章，我们梳理了叙事治疗的大致样貌。

我们吸收了那些表达与论述的方法，然后在这里我们需要把这些方法给“遗忘”。

遗忘不是彻底地抛去，就像它们不存在，而是我们要超越这些方法，用我们自己的生命去体现叙事的力量。

这个力量就是让我们为自己的人生命名，去使用我们表述生活的权力。

我们的生活是好，或者不好，那都是随我们说，随我们想。然而，差别在于我们是否真正对自己做了诚实的表达，同时这份诚实也为我们的情感所接受。

意大利哲学家艾柯（Umberto Eco）有句格言：“妇产科医生也会坠入情网。”

即使看见无数女性的乳房与阴道，就像即使我们的生命经受环境、他人的打磨，把我们变成理性的动物。但我们依旧保有非理性的自我，我们的欲望得不到满足，我们的痛苦得不到平复。

有些人以为自己已经失去了生命的激情，以为人生将永远庸庸碌碌下去，再也不可能遇见真爱，再也不可能有实现梦想的悸动，所以他们选择用最保险的方式，用最低的标准去为自己接下来的生活做选择。

一个过得去的工作、过得去的伴侣，以及一个过得去的人生。

叙事治疗之所以有用，在于让我们重新去分析我们曾经对自己说过的每句话，那些话有不少都是一种自我暗示，暗示自己“我不行”，或是“我就只配得到这样多的快乐”。

这被称之为“冒牌者效应”的心理现象，使得许多人甘愿活在一个不满足的环境中，然后用一生的时间去学习如何满足。

实际上，这不是在学习如何满足，而是在学习如何自我欺骗。并通过学习这些看似令人感到充实的知识，来转移自我怀疑与自卑两者联合造成的自我攻击。

叙事是创造，日记也可以是小说

古希腊历史学家希罗多德（Herodotus）曾诉说他撰写《历史》一书的理由，他说自己不只是要保存人类的嫉妒，还要记录人类冲突的原因。

通过回顾生命史而进行的叙事，乍看就像在撰写一本史书，因为叙事总是对“过去发生的事件”一面回想，一面记述。

但这个历史从来不是客观的，记录之外有我们的想象，想象之外还有我们的观点与批判。

那些思想画面的再现，本身也是通过脑海中的再现，以及我们笔下再一次的再现，或是对咨询师、家人、朋友，乃至于镜中的自己不断重复回放，才进入循环播放模式的习性之中。

当我们诉说一个人“停留在过去”，或者某些受创的人走不出过去，意味着他的人生在某个阶段停滞，因为痛苦而失去继续成长的动力。

在不同的心理流派中，对于再次激励一个人开启人生的旅程，都有许多不同的方法。并不是所有的方法都是有效的，因为让一个人重新相信未来有希望，并不容易。

当我们对未来不抱希望，往往象征着我们对现在的生活也失去了经营的动力。

曾几何时，我们对周围的一切，所有好好坏坏都习惯性地忽视了。

忽视我们如何有效地利用我们的想象，使生命的书写充满改变的力量。

试着想象一下，在一个颁发世界科技大奖的舞台上，一位得奖者对底下的人们陈述他的谦卑，他的虚怀若谷，他对人类发自内心的善意，以及对世界和平的渴望。

这些话让底下的人听得飘飘然，找不到一点可以攻击或否定的点。

有些人的世界就是如此，他给身边的人创造无数柔软的云朵，好让他们没有机会把重重的恶意放在自己身上。

你身边是否有这样的人，永远那么得体，就像生来就是一位出众的礼仪小姐。

有些人怀疑这些人的真实性，甚至认为他们是虚伪的，并且花了很多时间去揭露他们的虚伪。这些人自诩为正义之士，反对所有被掩盖的事实。

但什么是事实呢？

事实是某些谦卑的人必须用谦卑来掩饰自己内心无法说出的故事。他看见自己的丑恶与失败，害怕这些丑恶与失败被旁人看见。因此他提前告诉自己，我是那么的丑恶，并且拥有那么多的失败，一次又一次地提醒自己，以避免哪天这些“真相”被发现时，自己因为过分错愕，加深被指责的痛苦。

我们的书写中带有太多的悲剧色彩，这是失去创造力的特征。我们确实需要做回顾，但不意味着我们的过去就是我们的全部。

这也是为什么有些叙事治疗的历程无效，因为某些咨询师或来谈者，他们太在乎叙事中的“真相”，而罔顾活着的“真实”力量，同样可以建立在虚构与想象之上。

结语

回顾过去的生命书写，是借鉴过去，好找出更多活着的可能性。人生作为一部生命史，每一页的结尾都是“未完待续”。

6-3
挑战：像个批评家去写

故事

阿德在抽烟。

他站在离家两百米外的公交车亭，一个人享受着烟丝带来的愉悦感。

经常喂食的流浪狗，摇着尾巴走到阿德身边。阿德掏掏身上的口袋，有点愧疚地看着狗，表达身无一物的歉疚。

狗倒是不在乎这些，在阿德脚边趴下，看不出是人在陪伴狗，还是狗在陪伴人。

这是这一年里，素金第一百次要阿德离家远远的。

素金是阿德的太太，从怀孕开始就要阿德戒烟，阿德照做了。可是等到孩子出生，阿德又开始抽烟，这让素金非常不满。

“你不为自己的健康想一想，至少要为孩子想一想啊！”

约法三章后，阿德每天可以抽一根烟，但不能在屋子里抽，必须要在屋子外头完成。

素金以为这是对阿德的一种机会教育，让阿德陷入一个人的孤独感，进而决定戒烟。

素金错了，阿德感到十分享受。他没爱过素金，当初两人在一场聚会上认识，没确定关系，睡了几次。没想到素金怀孕，两人考虑年纪也不小了，干脆组成一个家。

素金也没爱过阿德，她以为自己可以，实际上却做不到。

外人眼中，阿德与素金的家特别温馨，他们从不吵架，互相客气。问他们有没有吵过架，两人总会相视而笑，说：“吵架没意思，还不如把时间用来过好日子。”

阿德与素金的话，羡煞身边朋友。

他们没说谎，他们确实觉得吵架没意思，应该要把时间用来过日子。只是他们谈的日子，不包含彼此。

过好自己的日子，婚前如此，婚后还是如此。

心理

有句话被当作说话艺术的箴言：“我们用三年的光阴学会如何说话，却用一生的时间学会如何闭嘴。”

沟通与表达的艺术，是叙事治疗的核心技艺。

但这是否意味着，叙事治疗就是写着絮絮叨叨，自我陶醉的故事？叙事治疗像某些心理治疗宣称的，温和不刺激，对任何人都不会引起一丝不快，像是一场心灵按摩？

其实前面提到的那句箴言，并不完全正确。

坊间有不少课程教人如何说话，如何在社交场合与人聊天。

实际上，在心理咨询中有门学问，是在学习如何“吵架”。

这个吵架不是宣泄情绪地吵，也不带有把对方往死里打的目的。这个吵架指的是“面质”技术。从哲学咨询的角度，就是在进行一场不断趋向真理的辩证。

过程中，会有冲突，有不快。也会有情绪，包括愤怒与悲伤，以及更多复杂的情感。可能会有非常难听的话、眼泪与一定程度的暴力。

但这个过程并不是为了毁灭，而是为了重生。

逃避冲突，连带使我们逃避该处理的问题

阿德与素金，过着佛系的婚姻。

但这个佛系一点都不“佛”，实则是一种索然无味、放弃希望的选择。

表面上，这是对彼此的宽容，不加以控制。

实则这种刻意的宽容与不控制，本身就是最大的控制。

研究心理咨询多年的暨南大学副校长萧文，曾在一次演讲中

谈到人本主义心理学家罗杰斯（Carl Rogers）对自己咨询的评价，表示“绝对不在控制来谈者的条件下做咨询”。

但萧文教授谈到，这其实是一个自我矛盾的说法。

罗杰斯众所周知的咨询要义，就是对来谈者的“积极关注”，对来谈者不加批评，给予充分绝对的支持，最终能使来谈者得以痊愈。

可是过分强调积极关注，要自己做到无限包容，萧文教授点出“这本身其实就是一种控制”。

罗杰斯在晚年对他的理论不断进行补充，也谈到积极关注虽然是无条件的，但不等于无条件地认同来谈者。或者只是让来谈者觉得舒服，因此避免在需要跟来谈者有些争辩的时候发生冲突。

此外，存在主义心理学家罗洛·梅等则提出了不同的看法，他们认为如果我们只是纯粹地积极关注，避免将咨询师自己的负面情绪表现出来，那么这对来谈者不见得有益。

比如当来谈者确实引起咨询师的厌恶，咨询师如果压抑这部分的感受，不拿出来和来谈者讨论，很可能错过咨询的重要时刻。

因为也许来谈者引起的这种厌恶，正是他在现实生活中的困扰。

甚至有的时候，来谈者是刻意想要引起咨询师的某些负面情绪，他的目的可能是在挑战咨询师，挑战他口口声声说的包容、接纳、不加批判。他想要证明所有人都是虚伪的骗子。

那么如果咨询师耗费大量的工夫来证明“自己”不是骗子，反而会落入来谈者的陷阱，因为这种证明本身带有某种虚伪。

可是即使咨询师承认来谈者的行为引发了他的厌恶，这并不表示咨询就完蛋了。

相反地，咨询师的专业能力就在这个部分得以体现，当咨询师提出自己的负面感受，并不是要归咎来谈者，而是展现出来好让来谈者和自己一同检视这个负面感受背后的原因。来谈者之所以要挑战自己，是否连结到过去的某个体验，或是创伤，或是有着什么不为人知的动机与目的。

不加思索的麻木是一种静态的自残，
盲目努力则是一种动态的虐待

相对于逃避冲突的策略，有些人采取相反而极端的方式去生活。

他们非常努力地去解决各种问题，尽力使问题不要发生，但他们这种做法，其实也是害怕冲突的一种方式。

一旦我们用这种方式，依旧会让自己陷入无法通过直面冲突展开积极沟通的困境。

譬如人生有一种尴尬的时刻：“你发现自己穿破了几双鞋，却还是停留在原地。”

我们遮遮掩掩，赶紧换上新的鞋子。左顾右盼，生怕有人看见我们的尴尬。

无论我们怎么隐藏，还是有人看见。他被我们的尴尬吓到了，害怕变成我们的样子。可是当他低头，他会发现他和我们没什么不一样。

所以当我们发现自己停在原地，比起立刻发足狂奔，表现出努力的样子，给别人和自己看，也许我们最需要的，反而是停下来，静一静，以免陷入习惯性的、无效的努力。

退一步说，当我们看见孩子表现得不够好，我们首先要想的是，这个不够好，是对谁而言呢？是对我而言吗？还是对孩子而言呢？他知道什么是好，什么是不好吗？

从旁观者的角度看来，会不会他们看见的是这样一个场景：一位爸爸，一位妈妈，还有一个孩子，三个人费尽心力地在原地踏步。

这三个人看起来都累坏了，各自都尽力了。所以他们想，自己应该没错，如有问题肯定是别人的错，肯定是别人不够努力，因为我已经“够努力了”。

所以如果没有觉察到自己在进行盲目的努力，却简单把努力当成是一种道德的万灵丹。从精神分析的角度，可以说，“我们的自我被我们的超我给绑架了”。

甚至我们还拿着绑架我们的超我，去绑架我们的孩子。

所以当父母真的是一件很难的事情，我们背负着来自祖辈的超我。我们可能没有意识到这一点，没有成功取得和解。

当我们带着好意去对待我们的孩子，却让他感受到不自由。因为他对我们的爱和期待，使他也渐渐背负起了我们的超我。

于是我们一心希望对孩子好的愿望，被我们自己给瓦解了。

只知道鼓励孩子努力，让父母的角色更像是替社会监督孩子的监工。等孩子被打磨成社会需要的样子，亲子之间的关系，仿佛也走到了尽头。

就像有些忙碌的人，他们知道怎么在工作中奋战不懈、勇往直前，给他时间休假，他反而懵了，不知道该怎么处理这“多”出来的时间。

进一步说，陪孩子“玩”这件事，有时候被看轻，被看得太简单。好像陪孩子玩是不务正业的父母才会干的事。

无论是避免冲突，或者诉诸努力，两者都存在我们对冲突与努力的误解，总的来说就是对关系之间的互动、沟通与表达的误解。

有时我们需要争吵，有时我们需要静默。

结语

叙事治疗，不避免冲突，也不避免全然的静止。

有时我们需要展现我们的情绪，有时我们需要让自己隐居。

无论是什么，我们有权力去逃避，也有权力去尝试。

某个层面来说，我并不认为叙事治疗的目的，必定要使我们回归于平和，要我们以关系的和谐为痊愈的标准。

因为不是所有人追求的都是个人内部的平和，或是外在关系的和谐。

有些人像狮子，有些人像大象。他们各有特质，我们无法说哪个好，哪个不好。

所以当我们采取叙事治疗的自愈方法，若能从中认清我们是怎么样的一个人，也许就达成了治疗本身百分之九十九的目标。

6-4
变化：像个艺术家去写

故事

印刷厂的机器，运转起来的声音，像是把创作的场景，一次次拉回工业时代。

阿清与她的猫“哈乐黛”正一起伏案工作，哈乐黛是暹罗与无毛猫的混种，十分稀有，阿清特别喜欢它。

阿清没结婚，也不想结婚，她厌恶男性，觉得他们身上有股洗不干净的体臭。

屋外的大伟在整理今天的废纸。他三十出头，自从两年前被设计公司裁员，就再也没找过稳定的工作。每天收收废纸，跑跑网约车，半夜和同样不得志的朋友们唱歌、喝酒、吃夜宵，已经是生活难得的安慰。

哈乐黛偶尔趁着阿清不注意，跑到外头去。大伟每次看到它，都会拿手边的食物喂它，大伟没特别讲究，手边有什么就喂什么，哈乐黛运气好的时候，能碰上大伟刚好带着香肠、鱿鱼干，运气不好的时候什么也讨不着。

“要不要跟我回家啊，小朋友？”大伟拿下手套，摸摸哈乐黛的头。哈乐黛拱起身子，好像很享受大伟的抚摸。

“先生，可以请你不要乱喂我的猫吗？有很多东西，猫是不能吃的。”大伟听见阿清的话，抬头看她。

阿清抱起哈乐黛，走回厂房。

她把哈乐黛放到桌上，有点责备地说：“不要到处乱跑，万一给人抓走了怎么办？”

哈乐黛舔舔自己的爪子，用带着英国腔的中文说：“谁叫你只给我猫粮。”

“嘘！要是被人发现你会说话，那就糟了！”阿清伸手要捂住哈乐黛的嘴，哈乐黛跃开，到地上继续舔爪子。

大伟把废纸放进后车厢，坐上驾驶座，转动钥匙，却一直无法发动。

他用力拍了一下方向盘，怒道：“给我起床！”

车子用力晃动几下，引擎发动。方向盘传来充满磁性的声音：“抱歉，抱歉，昨天跑了一晚上的车，特别困。”

大伟系上安全带，对方向盘说：“我早该把你拆了卖掉。”

方向盘笑了，说：“你见过像我这么可爱的车吗？你舍得啊？”

大伟两手一摊：“有什么舍不得的，你会讲话有什么用，又不能帮我找工作。”

谈笑间，五亿光年外的外星人发射了一颗炮弹，把地球给炸得粉碎。

阿清、大伟、哈乐黛、会说话的汽车，好像从来都没存在过。

心理

这个世界是荒谬的，荒谬的本质就像哲学的起源，始于“惊奇”。

一个毫无好奇心的人，哲学无法与他产生连结。所以我们会发现，有创造力的人往往对哲学也会特别感兴趣，因为哲学不存在“笨问题”。

当人们过着日复一日的生活，泰勒斯等哲学家却在思考“宇宙的起源”“万物是怎么来的”“人死后会去哪里”等问题。

对某些人来说，生活的意义就是消耗自身的精力，在死亡之前完成一些该干的事情。好像每个人生来就只是小螺丝钉，所谓的自由意志形同诅咒，唯有当我们放下对自由的向往，我们才能避免想要自由却得不到自由的痛苦。

因此，在枯燥无味的人生尽头，诞生了艺术。

艺术追求的不是温饱，而是一种自由精神的展现。艺术家一方面试图打破规则，一方面又试图制造规则。

艺术家拒绝受限于人的感官天性，他们探索各种方式与角度，想要跳脱三维世界的限制，看见多维世界的可能。

好比在绘画中，那些并不符合肉眼所见的立体主义、超现实主义等作品，都在传达一个信息，告诉人们真理的维度，需要我们打开潜藏在身体之内的眼睛，才能目睹。

实际上，我们无时无刻不在使用肉体之外的内在感受力、想象力，组成我们对世界的感觉。

比如牛津大学实验心理学教授斯宾塞（Charles Spence），就谈到人类的味觉来源并非仅限于舌尖上的滋味。

我们的味觉，除了舌尖上一连串的化学反应，同时掺杂我们当下的心理活动：视觉所见的颜色、形状，嗅觉对应的气味，皮肤感受的温度，听觉所及的声音，总体的环境与氛围，还有我们的想象力。

所以我们的心理活动，受情绪和感性因素的综合影响，由此我们判断出食物的滋味，以及享受或厌恶的程度。

这是否说明我们的感受是不可靠的呢？说明我们的情感与情绪，总是能够影响我们的理性判断呢？

随着与心理学相关的医学与科学发展，慢慢地我们解开这些谜团，让我们有机会反过来更好地用理性去管理我们的心理活动，让我们某种程度上战胜了感性的干扰。

比如随着我们对大脑的认识，我们发现当我们训练一个人辨识情绪，他就会因为更多地使用属于上层脑的区块（比如皮质），降低下层脑（主要是海马体）的作用，达到使情绪缓和的效果。

叙事治疗不是在做功课，而是一种随心所欲的艺术创作

理性的另一项产物，就是人工智能的发展。当人工智能在算数能力上压倒人类，慢慢地有些人工智能项目就在研究如何与人类产生富有情感的对话。

我相信有一天人工智能将肩负起基本的心理咨询工作，帮助大家随时了解自己的情绪，提供适当的建议。

但这不是世界末日，就像网络上有耶鲁、哈佛等名校的公开课，足以满足许多人对知识的渴求。这并不等于耶鲁、哈佛就会被取代，在学校里头求学的经验，不管是与老师对话、和同学交朋友，还是浸淫在历史传承的文化中，这些都无法从网络课程得到。

多数人需要简单的关心、基本的对话，就像不是每个人都需要读耶鲁、哈佛一样，人工智能不用做到全部人类能做的事情，但只要能做到一部分，就足以改善许多人的生活质量。

谈了那么多，其实我想说的是，我们所有的感受都是某种真实，同时也是假象。

因为所有的感受随时都在改变，上一秒与下一秒，我们的环境，包括我们自己都有所改变。

唯一不变的，存在于我们的记忆之中，是我们心里浮现的某些印象。

这些印象就像艺术品，永恒地冻结了某个时空，让不同时空的人们通过作品，跳跃进作品所记录的场景之中。

这里就揭示了叙事治疗的工作，现实生活并非只是感官的总和，还包括我们的想象、愿望、没来由的憎恨、误解、任性、妄念等。

这一切的一切，都在与我们的经验事实相冲突，如同失去性功能的男子，依然保持着征服所有女人的性幻想。

但如果我们总是抱着“客观的真实”不放，我们就无法抓住这些“主观的真实”。

主观的真实就像一位失去双腿，终身依靠轮椅的人，他能够在梦境中长出双腿，在梦境中开心奔跑。也许起床之后，他会因为现实的残酷泪流满面，但现实与梦境、开心与残酷，都是构成人生的一部分。

在艺术的领地里，无所谓现实世界所谈的道德，它们让浸淫在艺术中的每个人暂时跳脱出道德批判。这就是艺术的作用，也是叙事治疗的作用。

某个角度来说，《金瓶梅》或《索多玛 120 天》，都是一种叙事治疗练习，可以让一个在现实生活中，被道德困境压迫得几乎精神崩溃的人，经由创造一个心灵寄托，从现实压迫中转移出去。

所以叙事治疗并不是正经八百地写作文，而是让我们有意识地去直面我们的内心深处，并且释放它们。这当中没有绝对的黑暗，也没有绝对的光明，书写本身就充满着热力，而这股热力有时甚至会影响他人，唤起他人心中潜藏的人性。

打开我们的心，放手去写，去感受

叙事治疗可以是满布粗话的，可以是加上涂鸦的，可以是鬼画符的，然后在我们宛如发泄般的挥洒墨水之后，我们留下了某部分心灵印记，或是让坏情绪得以释放。

不同于单纯的发泄，我们会回头去看当时我们挥洒的成果，我们试着去解读它们，找到它们联系的人生线索，或是我们的人格，以及我们自己一度遗忘的内心活动。在这种角色交错的反思中，我们看见更全面的自己。

那么这时也许我们会萌生逃避的念头，这也是正常反应。

将叙事引入组织人类学研究的查尔尼娅维斯卡（Barbara Czarniawska）教授，谈到叙事的基本脉络有三：事情的原始状态，一起事件或活动，以及行动的结果。

在叙事治疗中，或者说当我们面对内心的痛楚，试着找出原因，我们总是从行动的结果出发，开始回推，试着找到关键的事件，或者某个我们自认关键的行动，然后我们为此陷入纠结与痛苦。

有时我们无法定位在一起事件或是某个行动上，我们感觉我们做的一切都是错的，乃至于认为我们自身的存在就是一项错误。

我们始终无法回到原始状态，但很可能这个原始状态只是逻辑上必然，在任何心理治疗中都只是偶然的存在。

举例来说，一个被抛弃的孩子，要怎么知道他是在人生的哪一刻，被父母扔在了路边？

父母后来死了，孩子被抛弃的时候又很小，根本没有记忆。如果也没有证人，那么孩子被抛弃的原因，基本上不可能找得到。

但这个被抛弃的孩子长大了，他可以有无限的推测，并且因为这些推测去憎恨，或是自我打击。

但无论他怎么做，那个原始状态注定永远是个谜。

所以叙事治疗并不是解谜，而是当我们回溯生命的故事，我们创造生命的故事，我们更多面对的不是理性与事实，而是感性与想象。

无论世界怎么变化，处境高高低低，是我们的心态决定了我们生命的位置，如同有的女人非要男人买房才结婚，有人住在租的房子里也甘之如饴。

所以无论你怎么使用叙事治疗的方法，最重要的就是“不要只顾着写，却忘了感受；也不要只顾着感受，却忘了自己”。

结语

人们看着我身上的伤疤，做出各种联想。有人联想到美丽的蝴蝶，有人联想到一张窒息的面孔。

我也有我的联想，但我不去说，而是让伤疤自己诉说。

6-5
缺憾：像个哲学家去写

故事

初中同学会的邀请信息，存在小梁的手机里有好几天了。

同学会的微信群，短短几天就有超过九百九十九条信息，让小梁更懒得打开来看。这是本世纪的一项流行病，打开信息栏，就会忍不住想要刷完所有的信息。

许卉是小梁的女朋友，她见小梁不回初中同学会的邀请，深感好奇。

小梁回答她，他觉得刷完所有信息浪费时间，参加同学会同样是一件浪费时间的事，他宁愿拿这些时间来工作。

看着小梁若无其事的样子，许卉内心嘀咕着，该不该把心底话告诉他。在小梁身上，她已经感受不到爱，前些日子在职场上认识了一个人，他们最近决定一起跟本来的对象分手，两人正式在一起。

这次同学会的主办人思涵，她最想见的人不是同学，而是当年的导师。毕业后，导师没多久就离职，回到学校读博，想想现在也该是个博士，却始终没有后续的消息。

通过举办读书会，思涵动员同学们联系当年的导师。据说已经联系上导师，只是还不确定身在外地的导师有没有时间参加同学会。思涵很兴奋，她很怀念那位温文尔雅、温柔体贴的大哥哥。

“弄好了没有！快点儿啊！”客人声声催促着，侯健如梦初醒似的，赶紧从后场端着菜盘，送到客人桌上。

客人有点埋怨地瞪了侯健一眼，见他一头白发，体弱气虚的样子，和同伴都忍不住露出同情夹杂嘲讽的笑容。

侯健拿起腰际的抹布擦擦手，坐回到后场的小板凳。

他拿出手机，看见一条信息：

“老师，我们都很期待您的到来，请务必要出席哦！”

侯健把手机放回兜里，无视餐厅嘈杂，打了一个盹儿。

心理

“人生是无常的”，经常在我们面对人生不受控的时候，这句话会在我们的脑海中冒出来。

就像万年鸡汤在告诉我们，打击我们的不是我们自己，不是我们爱的那个人，或者无法接受的一个事实，而是“人生的真相本身就是一种打击”。

如此一来，把所有的痛苦推给人生，仿佛内心就没那么痛了。

谈论创伤并不是心理学的专利，也不是医学的专利，也不是哲学的专利，更不是任何一种学科的专利。

创伤是一种无止尽的灵感，正如创伤是人生无止尽的一种现象。有些创伤会痊愈，使我们变得更坚强，有些创伤可能让我们学到教训，有些创伤使我们怀念过往的自己。

创伤像是一个标记，或者说一个锚，让我们的意识永恒地停留在人生汪洋的某个地方。

然而，有人是进退维谷，有人则以为找到了一个最舒服的位置。

作家舒国治曾形容自己：“我的人生好像永远停留在高三暑假，那个暑假很绵长，直到今天，我都六十岁了。”

书写《房思琪的初恋乐园》，在2017年自杀的作家林奕含，也说自己的人生停留在某个过去，停留在被曾经仰慕的老师诱奸的那一刻。

吊诡的是，当创伤发生，就成为我们生命的一部分。就像脸上的一颗痣，我们可以通过各种方式让它从照片上消失，但取消了它，现在的我们也就不存在了。

丹麦哲学家克尔凯郭尔在日记中写道：“从最早的童年时期开始，悲伤的尖刺便留在我心里。只要它在那里，我就变得很讥讽——但若拔掉这根刺，我会死。”

所以无常是什么？

无常是面对创伤，以及创伤以外的时光，而不仅仅是做好面对明天可能到来的惊喜或惊吓。但很多时候，我们感叹无常，在于我们始终没有真正做好准备，去面对灾难性的时刻。

寻求咨询，是面对灾难性时刻的一种方式。就像看到失火，我们会打电话找消防员。

叙事治疗在咨询中的意义，更多是在治疗之外推展的。

如果总是等到失火才找消防员，我们永远不可能降低避免悲剧发生的概率。因为失火本身，就意味着悲剧的发生，消防员能做的仅仅是为悲剧止损。

正是在这一点上，通过日常写作，我们为过去的自己和当下与未来之间，搭好连结的桥梁。

然而，为什么我们会如此破碎呢？

为什么面对破碎的自己，有时那么难？

以至于当我们想要捡拾自己的碎片，才发现破碎的部分太多，多到难以收拾。

这是因为，许多时候我们将自身当成“客体”，而不是“主体”来看待。

叙事并非虚构，而是寻求回归真我的方式

精神分析学家温尼科特认为，一个人的自我之所以能够健康形成，婴儿时期和母亲之间的关系很重要。母亲的关注是自我形

成的来源，但母亲无法时时刻刻保持完美。

这时婴儿会通过“过渡性客体”得到补偿，可能是一条随侍在侧的小毯子，或是小玩具，这个玩具仿佛永远不会离开，随时可以供婴儿吸吮，同时不管对它如何拳打脚踢，它都逆来顺受。

成熟，就是在与过渡性客体的相处中，随着心智逐渐发展，了解真实世界的面貌，并且真正地学会与真实世界相处，进而不再需要过渡性客体的帮助。

在我们成长的过程中，我们处在一个传递各种焦虑的环境。这些焦虑就像细菌，或者病毒，接触多了就容易“生病”。并且一个人“病了”，会“传染”给身边的其他人。

某些人的人生，就像是站在流水线上，几岁该做什么，读书、毕业、工作、结婚、生孩子、退休、死亡，都被排好了，他要做的只是填补任务完成之间的空档。

他的生命和他自己无关，就像是被社会意志随意摆弄的东西，婴儿手中那个可以甩来甩去，口咬手撕的小毯子、小玩偶。

当一个人把自己活成客体，失去个人存在的主体性，那么这个人基本上就像是不存在了，陷入一种彻底的麻木。这是一种深深的创伤，往往在受到严重的创伤下，一个人才会陷入这种“冻结”般的麻木之中，就像有些被强暴者的事后反馈。

事件发生的当下，身体没有感觉，自己像是灵魂出窍一般，在旁边看着悲剧发生的经过。这种视角，似乎能够说服自己，所发生在自己身上的悲剧，过程中承受痛苦的并不是自己，而是某个他人，某个长得像自己的复制人而已。

文章前面的故事，有人孤独着，有人自以为是，有人逃避着过往，有人因为欺骗的罪恶感而纠结。

无论是什么，都是我们认识自己的过程，主动等待着幻灭的时刻到来。

通过前述的叙事方法，我们在平时通过这些方法去倾听、对话、反思、重构、放下、展开，一遍又一遍地进行这段历程。

那么过去的创伤就有了意义，因为我们为其在生命中找到了安放的位置。也对接下来要发生的一切做了准备，我们深知我们会怎么做，因为我们对自己不再陌生。

结语

当我们在书写的过程中，内心时而静谧，时而澎湃地搅动着。

如果感受到自己的渺小，却又能够看见自己的强大，那么我们就不会被创伤彻底占领，而是与之和谐相处，就像一家人，有相似性，但不完全一样。

然后我们就会获得对生命最朴素的谦卑，那是一份敬畏之心。

如《圣经》所记载：“敬畏耶和华是智慧的开端。”

这跟信不信上帝无关，敬畏是一种态度，表示我们并不真的以为自己是全能的，我们相信有更高的超越者存在。

这个超越者也不在天上，而是在我们心中，像是提醒我们该做、不该做的良知，敢于牺牲的爱，以及其他让我们看见自己残缺却美好的无形力量。

保持对生命的敬畏，对来谈者的敬畏，对咨询的敬畏，对治疗的敬畏，对疾病的敬畏……在敬畏中，叙事的种子就会在自愈的土壤中发芽，生根。

6-6
四季：像个孩子去写

故事

“泰顺啊！泰顺啊！”刘妈声声叫唤。

漫天冥纸，刘妈最爱的孩子依旧冰冷地躺在柜子里，低温放慢人体腐烂的速度，却无法阻止一个人死亡后的僵硬感。就像一个整容过度的人，整个人看起来像是活的，细看每块肉又像是死的。

泰顺的公司同事都来了，大家都为这位公认的下届总经理突然离世，深感遗憾。

“怎么会有这种事呢？对啊！总经理年后就要离职了，刘经理马上就要飞黄腾达了。”

“刘经理那么好的人，总是第一个到公司，最后一个离开。经理的运气不好，公司运气也不好。”

“地球上每年被盆栽砸死的人估计不多吧！怎么就让我们小

刘赶上了。”

窸窸窣窣的耳语，在泰顺的弟弟泰和听来，颇有一股复杂的感受。从小到大，泰顺学业、体育、品德都是优等，自己初中、高中都留过级，最后勉勉强强毕业。

毕业后觅了一个大楼保安的工作，没事开开网约车，日子过得去，就是不体面，更甭谈买房之类的计划。

丧礼后，刘妈的健康情况突然恶化，诊断出初期的老年痴呆。

泰和拿哥哥的抚恤金，把母亲送到疗养院，每周抽空去看看她。

有时刘妈会把泰和误认为泰顺，叮咛他要努力向上，给家里增光。身边的人听了，都为泰和担心，怕他难受。

泰和对外沉默，心中却感到无比的轻松。

他终于不用每天回家面对母亲一再重复的唠叨：“你看看你，跟你哥哥怎么差那么多？唉！都怪我怀你的时候，你爸爸老打我，我心情不好，吃不好饭，睡不好觉。估计你是我气出来的，现在回头来气我了！”

这天喂母亲吃好饭，泰和走出母亲的房间，看母亲在漆黑的房里喃喃自语，他悄悄地关上门。

心理

尼采在《查拉图斯特拉如是说》一书中，谈到人的精神境界，从“骆驼变换为狮子，最后达致婴儿”的境界。

骆驼阶段，人被动地听从命运的安排，背负沉重的外在负担，在沙漠中盲目前行。

狮子阶段，人的潜能逐渐化为现实，掌握了生命的主控权。生命的动力由外在转向内在，但此时的力量缺乏足够的方向，能使外在事物扭曲、摧毁，同时也缺乏生生不息的和谐之力。

婴儿阶段，人回到自己的原初状态，重新把握自己作为人的一切本质。婴儿的眼睛是清澈的，不完全受外在环境干扰，又能主动地去寻求、探索、抒发自己的情绪。婴儿没有虚伪，没有矫饰，这是一种自在的状态，也是真我的状态。

是治疗造就了病？还是病满足了治疗？

在叙事治疗中，我们可以重新反省，到底“治疗”的意义是什么？且更进一步地去反省，到底“病”的意义又是什么？

多数时候，来谈者渴望在短时间内产生改变，可能周五来谈，下周一上班的时候就能恢复“正常”。比如回到失恋之前的状态，照常吃、喝、拉、撒、睡。

这是不切实际的，也是一种强迫的状态，这时来谈者像是骆驼，他们渴望有超越的力量帮自己做决定。就像牵引骆驼穿越沙漠的旅人，他们是骆驼的大脑，骆驼只是他们的工具。

但咨询不是要来谈者成为咨询师的工具，反之，咨询师也不是来谈者用来治疗自己的工具。

咨询师是镜子，帮助来谈者看见现实中的困顿，以及困顿背后的原因。但咨询师不为来谈者做任何决定，生命是属于来谈者自身的，他自身得做选择，并为选择负责。

刚开始做咨询的咨询师，往往会犯这样的毛病，在咨询中一下子自我坦露太多。

本来应该在咨询中好好观察来谈者的表现，了解这些表现在来谈者现实生活中的意义。可是咨询师自己逐渐忘了来谈者在过程中的表现实则为种种移情，于是他开始误以为自己就是来谈者面对的对象。

这时，咨询就会变得非常消耗咨询师的精力。因为他本来是作为一个辅助者、摆渡人，去从移情中看见来谈者在现实生活中遭遇的问题。

比如，一位来谈者十分担心咨询师会对自己有所厌烦，咨询师没有试着从这个角度，引导来谈者自我觉察“为什么会对咨询师的厌烦特别在意”。而是试着和来谈者解释，自己对来谈者并没有厌烦的情绪。

那么这个咨询就无法延伸到咨询室之外，无法还原来谈者在生命某个片刻中极具影响力的处境，而变成了咨询师和来谈者在咨询室互相较劲。

有时，这样的较劲对来谈者产生了一种假象的帮助，让来谈者重新获得动力，使他进入“狮子”的状态。

因为来谈者对咨询师的移情，某种程度上得到咨询师的认可和鼓励。但这时候，在来谈者眼中，咨询师已经丧失了一部分咨询的角色，成了他心中的朋友、恋人、父亲、教师或者某个他移情的角色，一个他现实中可能始终无法获得认可，但又极力想要讨好的人。

表面上，这似乎是非常有效果的咨询状态。实际上，来谈者只是打了鸡血，他现实中的问题并没有得到本源的解决。这时咨询师和来谈者的关系可能很绵长，但咨询师往往会在过程中越来越疲惫，直到有一方放弃。

我们不可能永远当一只狮子，狮子是主动的、积极的，但也是有敌意的、唯我独尊的，这不是一个真正让我们与周遭的环境，与自我和谐的状态。

所以这里所要阐述的是，叙事治疗不只是写写故事，不只是回顾某段过去，不只是练习表达，或是宣泄情绪。

这些作用都是积极的作用，但光停留在这里还不够，还不足以实现治疗的终极目的。

终极的目的是使我们前进——同时也是回归——婴儿的状态，我们不完全倾斜于超我的指引，被动背负道德的束缚。

我们也不是完全顺从本我的原始冲动，而是以此为我们实现梦想、永葆心智年轻活力的反应炉。

并且我们使自我与超我、本我，在现实世界中能够有所安放。

在这个阶段，我们的存在不再有支离破碎的感觉，而是身心一体，和谐统一。

回头来说，痊愈不是把自己变成另外一个人，病也不是一个僵死的标签。

有人说“青春期就像一场大病”，其实也有道理。

痊愈的历程，就像四季变化，就像人从生到死，是生命变化的必然过程。我们并不一定需要下猛药，因为我们本身就有自愈的能力，我们只是需要时间，需要一点引导。

然后我们不是变好了，而是发展到了一个当下与自己、与环境最和谐的状态，这个状态也许会变动，但我们能通过掌握的叙事方式，一次又一次从人生的感冒中痊愈。

结语

爱因斯坦曾表示，我们活着的时候，往往受限于感官的错觉，以为人与人之间都是分离的，所以我们不可能和他人互相理解、分享感受。

然后爱因斯坦说，我们人生的目标，就是打破这个牢笼，扩大自己的“同理圈”。

即使我们达不到，只要在努力的过程中，我们和彼此、和世界互相拥抱，便足以给予我们内心无比的安全感。

这个说法并非爱因斯坦的创见，我们可以追溯到古希腊，柏拉图认为在灵魂降生，与肉体结合之前，灵魂知晓万事万物。

当灵魂与肉体结合，便“遗忘”了过去，所以灵肉结合的人类，他们在人间通过肉身学习到的知识，不过是在进行对知识的回忆而已。

文章开头的故事，当所有人都能回归到某个原初的时刻，仿佛就能走出当下的困境。这不是一种心理上的退行，而是对世间价值孰重孰轻的选择与践行。

就像四季变换，冬天不是结束，而是春天开始的信号。

就像我们并非忘记了恨，抹消了曾有过的痛，我们只是在书写与反复阅读的过程中，重新看见了自己，重新学习用合乎现实的方式，合乎真实自我的方式，以婴儿的精神活下去。

6-7
死亡：像个老人去写

故事

心理学院的走廊，每根柱子上都贴着不同心理学家的海报。

艾森豪威尔教授拄着拐杖，脚步蹒跚，经过的师生见怪不怪，都知道教授不喜欢有人搀扶。

进入教室，听课的八位研究生正在讨论期末报告，见到教授都静了下来。

教授坐下，一面拍着公文包上的灰尘，一面若无其事地说："这个学期结束，我就要退休。不出意外的话，你们会是我教师生涯的最后一批学生。"

学生们鼓噪起来，有的关心老师退休的原因，有的献上祝福，还有人劝老师多教几年。

教授要大家少安毋躁，发下今天要讨论的案例，开始讲课。

案例的内容关于一个家庭，大致内容如下：

先生和太太当年在大学认识，先生条件很好，异性缘不错。太太性格内向、乖巧，当年在先生诱惑下，认识不到两个月就发生关系。之后两人交往，毕业一年后结婚，转年生下老大。

现在两人育有一个八岁的孩子，先生因为工作忙碌，经常出差，一个月有一半时间不在家。太太毕业后一直是全职家庭主妇，房子、轿车和生活费都由先生负担。

太太希望先生多抽点时间陪伴家人，但先生一心想要冲刺事业，两人在这方面有些争执。

孩子崇拜爸爸，经常问爸爸在哪里。每次太太听到孩子这么说，都忍不住掉泪……

听了教授的案例，同学们七嘴八舌地讨论起来，对教授提出他们的观点。

有人说先生属于逃避型依恋，有人说先生大男子主义，还有人认为先生缺乏共情力。

另一方面，也有人谈到夫妻两人共同成长的重要性，还有人说妻子自己独立性不足，整个家的经济压力都在先生身上，男人赚钱，女人抱怨，这其实是社会的悲哀。

案例分析到一半，同学们彼此之间都有点火气。半天讨论不出结果，问教授到底谁说得对。

教授看着他们，叹了一口气，说：

“你们说的都是你们自己的投射，反映的是你们自己的焦虑、不安。希望先生多关心自己的人，看到案例中太太缺乏关心，特别生气，好像不被关心的是自己；希望太太能够体谅自己辛劳的人，看到案例中的先生，也特别生气，好像案例中那个努力工作的男人是自己。吃烧饼哪有不掉芝麻的，现实中的婚姻难免有摩擦。你们看到的不是这两个人，也不是这段婚姻，而是你们自己。”

同学们听了老师的话，都沉默了。

心理

在书的尾声，我将在这篇文章中，“杀死”三项你可能对叙事治疗存在的误解。

唯有这么做，我们才能超越这本书，让叙事治疗真正内化，成为我们生命的一部分，发挥它的作用：

第一次死亡：叙事治疗无法给你所有，但能给你更多

社会学家韦伯（Max Weber）对人类的社会发展，为什么越来越趋向资本主义、财富集中、贫富差距增大等现象，提出“工具理性”（Instrumental Rationality）与“价值理性”（Value Rationality）两个概念。

韦伯认为，现代社会的人在理性层面中，注重工具理性，轻忽价值理性。

举个简单的例子，工具理性讲求的是，人类为实现自身目的所需要使用的“手段”。

如果一个人想要赚很多钱，那么无论是创业、贷款、欺诈、抢劫等各种方式，只要能达成目的，这个人都会加以考虑。

价值理性指的是一个人内心的“绝对价值”，比如诚信、正义、友爱等。所以尽管俗话说商人无祖国，但也有二战时期的辛德勒，他靠和纳粹做生意的掩护，救出许多犹太人。

对于辛德勒来说，赚钱很重要，但他有更重要的人生价值要去实现，于是当他面对工具理性和价值理性的抉择，他选择听从价值理性。

从这个角度来说，咨询师这份工作倾向价值理性，而非工具理性。

当面对来谈者说：“我要赚大钱！”咨询师会试着帮助他了解自己，“为什么赚大钱对自己那么重要”“这背后的原因是什么”“跟个人经验和信念的关系是什么”“因为赚钱而焦虑吗？”……

而不是来谈者说要赚大钱，他就提供各种门道，好像一位理财专员。

从这一点出发，我们就能分辨，如果一个人失恋，他找某位咨询师帮忙，这位咨询师教他怎么挽回前任，那么恐怕他有悖于一般咨询伦理。

因此，叙事治疗的内涵，同样倾向于价值理性，而不是工具理性。

如果有人说学叙事治疗来写作，能帮助一个人赚大钱，一篇文章几千块。即使这个人懂叙事治疗的理论，以及技术，他在做的事情也违背了治疗的本意。

如果你希望通过叙事治疗的方法来牟利，我想你能这么做，但你将会失去通过它疗愈心灵的作用。因为你把它当成工具，没有在过程中审视自己的内心。

如果有天你需要疗愈，你可能会茫然失措，明明手上已经有一种不错的方法，并且你对别人说得头头是道，可是对自己却没有作用。

第二次死亡：光写还不够，你得上路

当这本书走到尾声，我们不再谈操作，更多地谈理念，就在于通过那些操作，能让我们大概知道叙事治疗的技术，可是如果我们走偏了，我们就无法正确使用那些技术。我们可能会用那些练习的范式，套在很多写作的类型上。

刚开始当我们不懂叙事治疗的方法，确实我们需要了解一些基本的表达与书写方式，像学走路一样，从实践开始。但当我们掌握了基本的方式，这时我们需要停一停，回头检视我们到底写了什么，检视我们到底学了这些东西后，要往哪里去。

如果你通往的是工具理性的道路，你学的方法可能无法帮助你，因为它们都是你的工具，是某个“器物”。

世界上所有的事物，都会在我们放下它之后，和我们不再有关系。

就像哲学家海德格尔所说的“上手事物”（Zuhandensein）。

有些事物和我们的关系，永远是疏离的，这些事物因为我们的存在而被赋予意义，但这些意义是短暂的。

比如锤子，当我们需要拿锤子钉钉子，锤子和我们发生关系，被我们拿来工作。当我们钉好，我们就把锤子放下，甚至丢弃。

锤子对于用不到的人，其他生物，乃至于整个自然界可能都不具有特殊的意义，只有对于要拿锤子来使用的人，锤子才成为锤子。

然而，当人们从小看着大人拿起锤子钉钉子，在他心中，可能就认定它只能拿来钉钉子，没想到还有其他妙用。

还有个例子，在电影《上帝也疯狂》（*The Gods Must Be Crazy*）中，天上掉下一个可口可乐空瓶，捡到它的非洲土著没见过可乐瓶，于是土著们各有奇想，有人拿它来洗衣服，有人拿来敲打硬壳食物等。

正因为不清楚玻璃瓶的文明作用——拿来装可乐，这些貌似无知的土著反而让玻璃瓶有了更多的作用，造就他们手中各有巧妙的上手状态。

然而，一开始土著觉得玻璃瓶太好用了，以为是上帝的礼物。

随后土著们陷入对玻璃瓶工具价值的迷思，开始争夺这个东西，引起冲突。男主角这才发现，这个玻璃瓶可能不是上帝的礼物，而是恶魔的诅咒。于是决定把玻璃瓶扔到世界尽头，好让这个引起部落纷争的东西，不要再祸害其他人。

一千个人笔下，就有一千种叙事的故事。

我们在自己的故事中，能够得到觉察与感动。但我们的故事不见得对他人具有同样的意义，因此我们只能自己亲自走一遭。即使有咨询师的指导，我们依旧还是需要面对自己，与自己对话。

和其他的咨询方法或流派一样，叙事治疗同样是个人的、私密的，且没有快捷方式。

如果你渴望通过叙事治疗马上有改变，恐怕不大实际，如果我们活了二十年，我们可能也需要相当的时间去回溯。

我们内心潜藏的恶，没有处理完的情绪，始终困扰我们的某些妄念，都在等待我们重新去整理，赋予它们新的意义。唯有当我们将过往与现在的线重新连结之后，我们才能够放下它们：抛弃它们，或是转化为新的动力。

听过许多次，平时温柔的母亲，在养育孩子、婆媳问题、工作等压力下，对孩子大爆发，把孩子狠狠打了一顿，结果事后非常后悔。

一次失控，会抹杀掉一个好母亲所有的好吗？

可是如果这位母亲放不下这件事，她愧疚，那么这件事就需要加以处理。

很多时候，文明的我们太习惯用单一的角度去看世界，看问题，以及看我们自己。

这些预设就像我们在懵懂的时候，有人告诉我们玻璃瓶只能装可乐；在我们童年阶段，某位老师告诉我们只有考一百分才是好孩子；在我们寻找人生目标时，社会告诉我们，人生只有买房、买车、结婚、生子才叫圆满；或是母亲只有一种形态才叫好母亲，其他形态都不是……

有时，我们就是这样看我们自己，以为我们“只有”一条路能走。

实际上，我们可能有许多选择，就像在叙事的练习中呈现的，我们可以创造出属于自己的故事。

关键是，通过他人的故事，或许能带给我们灵感或感动。但我们需要写我们自己的故事，让我们更多地看见自己。就像镜子无论把我们照得多清楚，终究只能照见我们的一面。

完整的自己，在我们心中。

所以叙事治疗的方式，起初确实通过个人的、私密的写作，但之后需要我们带着纸笔上路，边走边写，我们才能真正完成自我疗愈的全部旅程。

在旅程中，我们会发现自己的更多可能，真正发挥我们的潜能，使我们自己成为自己的上手事物，而不是别人给我们的定义。

第三次死亡：使自己成为幸福的唯一目的

幸福是什么？

亚里士多德认为："幸福的前提必以自身为目的"。

但有很多人都做不到这点，他们以"他人"为目的。

比如有的人爱孩子，爱到想要控制孩子，那么这个爱注定很难幸福，因为别人的灵魂是自由的，总有一天想要独立，势必迎来分离的冲突与痛苦。

有的人以"他者"为目的，好像得到多少钱就能幸福了，好像有了房子就幸福了，好像嫁给某个人就幸福了。

实际上，这些东西得到再多，恐怕都无法保持幸福的感受，因为这都不是以自身为目的。

前面几章我们谈过"关系客体"，比如对小婴儿来说，他每天抱着的玩偶，就是用来替代父母关注的一个替代品。

然而，有些人始终没有获得真实的幸福，于是不断在各种替代的关系客体中寻找失落的感受。

比如有的人买了很多包，这个包就是使他得到认同、肯定、赞美的关系客体。

咨询师扮演的也是这个角色，就像一个有灵魂的包，能够感受到来谈者通过包得到的满足，背后有什么样的缺乏，进而帮来谈者看见自己缺乏什么，和来谈者一起检视这些部分，进而慢慢填补。

所以亚里士多德的话看似简单，实践起来并不容易。许多时候，我们都深深陷入某个关系客体中，难以自拔。

那什么才是“以自身为目的”？

如果叙事治疗以自身为目的，会不会使我们陷入孤独的处境？

不用担心，但孤独会是整个自愈过程难以避免的一段必经之路。

以自身为目的的第一步，就是好好了解自己，包括内心真实的需求和欲求，然后才是第二步，好好爱自己。

这并不是要我们断了与他人之间的联系，而是当我们和他人相处，我们对自己有充分了解，比如我们知道自己不爱应酬，那么我们会避免应酬，而不总是为了配合别人，委屈自己。

爱自己也不是溺爱，而是健康的爱。

比如我们定时运动、注重饮食，保持身心的良好状态，让我们心情愉悦，快乐地迎接每一天。

相反地，如果我们一心只想满足当下的快乐，什么都不节制，这并不是爱，而是在害自己。

所以爱自己，不是走向孤独，而是我们懂自己，知道怎样对自己好，那么我们就不会选择和不适合自己的人在一起，而是选择同样爱自己的人。

这就是理想的伴侣，和他们在一起是爱自己的表现。

因为每当我们让自己更好，对方也会因此开心快乐，变得更好；对方变得更好，我们也同样会开心快乐，于是我们也变得更好。双方形成良性循环，这就是流动的爱。

结语

心理学家格根（Kenneth J. Gergen）说："自由以空虚为伴，只有关系才能填补。"

叙事治疗是一个人的故事，但故事里不止一个人；人生是很多人的故事，但当中只有一个主角，是我。

6-8
不为什么而写

故事

“早上好。”

赵磊在小哈婉转嘹亮的声音中，缓缓苏醒。

小哈是赵磊的人工智能助手，她的3D投影落在赵磊床边。

“主人，早餐已经准备好了。别忘了您九点钟有咨询。”

摸着还有点醉意的脑袋，赵磊简单洗了把脸，走到办公桌前。

喇叭里传来卡拉丝的歌声，赵磊把培根、香肠、鸡蛋，一口口送入嘴里。

用毕早餐，他擦擦嘴，开始一天的工作。

今天的第一位来谈者，是已经和赵磊进行了超过两百小时咨询的思弦。两人一直采取语音网络咨询，因为思弦感觉与人面对面有压力，包括视频咨询，所以始终拒绝语音以外的其他方式。

“老师早，你还记得我们上次谈到哪里吗？”思弦用一贯带点怯懦的口气问道。

赵磊的耳机里传来小哈的提示：“上次你们谈到思弦的教授老是叫她做杂事，上周三不准她参加研讨会，好去接教授的女儿放学。”

赵磊听完，回答思弦：“我记得，你说教授不准你参加研讨会，要你接她女儿放学。”

“是啊！”听到赵磊的话，思弦连珠炮似的开始抱怨她的教授。

赵磊一只耳朵听着思弦的话，一只耳朵通过耳机聆听小哈以观察员的姿态，提供的种种侧面分析。

这天的咨询接近尾声，赵磊感觉思弦有话没说完，鼓励道：“今天还有什么想说的，或想问的吗？”

喇叭安静了一阵子，跟着传来思弦的声音：“老师，我想下次我们用视频咨询好不好？”

赵磊身子轻轻一震，嗓子顿时有点干渴，说：“哦！好的。”

通话结束后，赵磊有点后悔刚刚没有追问思弦，为什么终于下决心更换咨询的途径。

多年来，在语音咨询的效果普遍被认为比不上视频，或面对面咨询的情况下，赵磊始终进行语音咨询。确实有些人因为害怕或某些理由，不希望被看见，所以语音咨询成为赵磊的谋生之道。

但还有一个潜在的原因，就在于赵磊是个盲人。他是市场上少有的视障咨询师，可是如果来谈者没有特别问，他也不会特别说。包括思弦在内，许多一同交流数十小时的来谈者，都不知道赵磊看不见。

另一头，思弦摸着手机，不敢相信刚刚竟然给赵磊提了视频咨询的要求。

思弦的猫轻拍她的肩，通过脖子上的猫语翻译器，对思弦说："你真勇敢。"

"真的吗？会不会有点傻啊？"

"不傻。"

"万一老师看见我的真面目，会不会讨厌我呢？"

"你长得那么好看，他怎么可能讨厌你。"

"可是，可是……"思弦抱起猫，在它耳畔嗫嚅说："可是老师不知道我是盲人啊！"

第六章　总结

我们都是一样的，同时我们也都是不一样的

咨询师不是神，咨询界也不是天堂。

社会的每个角落都有政治，也有各式各样的咨询师。

每个人都有自己的课题要攻破，无论时代多么进步，科技多么发达，都没有人可以取代另外一个人去生活。

如果你已经跟着此书的指引，在脑中、手上和心底走过一遍遍故事，此时此刻，或许可以停下来反思一下，这段时间我们到底经历了些什么，哪些部分你感觉有帮助，哪些部分你感觉没有帮助。

哪些部分你认为对你的认知或感受有所增益，哪些部分你认为对你的认知或感受反而有所减损？

是否处理了旧的问题，还是制造了延伸的问题？

你是否想要继续做下去，但不知道接下来该怎么走？

若是你已经亲自去体验这趟旅程，此时此刻，所有一切的想法与感受，都是属于你的。你将建立起自己的思维系统、情感脉络，准确地说是对自己的重新认识。

当我们不再等待戈多，戈多就来了

叙事治疗的历程，不是全然开心、快乐的，这不是它的目的。

那么它与心灵鸡汤跟美图照片有何异同？

不同在于，读了很多鸡汤，只能让我们一时不觉得恐惧、不安；拍了很多美图，只能让我们一时忘却对外在的不自信、自卑。

相同在于，鸡汤、美图与叙事治疗都能给虚弱的心灵充饥，只不过鸡汤与美图带来的心灵充饥是暂时的。

暂时的充饥无法真正使我们的心灵得到饱足感，饱足感需要培养独立、自主的灵魂，好让我们意识到自己的特殊性，看见并懂得使用我们的内在动力。

叙事治疗的吞吐与反思历程，需要挫折、受伤，乃至于在身心留下疤痕，但那反而是最高层次的美。

同样地，有时心灵的饥饿确实是磨难，但我们就是在磨难中，学会辨别真正滋养我们生命的食物，学会汲取残缺、衰老与死亡的意义。

正如我们的身体机能、与某些人的关系，以及我们养的宠物等，生命中总有某些人事物可能拖着我们坠落，这时我们可能需要放手。

当然也有一些东西历久弥新，甚至越用越好用，但这样的东西极其有限。

如果一段关系，无法历久弥新，那么汰旧换新便是最好的选择。

有些人舍不得换，是念旧，但可能在这个不加以更换的时间里却会不断对自己造成伤害，等于用更大的代价换取一个不切实际的可能。

好比有的人不断伤害你，你希望他改变，希望他变好，即使有天他真的变了，受尽折磨的你可能自己也损耗得差不多，反成被淘汰的对象。

人生中多数的人事物，都是过客。但经历再多，都不能保证我们一定能从中学会如何道别。

另一方面，我们也是许多人事物的过客，无论我们承不承认。

所以叙事治疗，比较像是让我们陪伴自己的方法，而不是逃避痛苦，逃进某个快乐的虚拟世界。

叙事治疗的过程，会有拉扯。有时我们可能因为某些原因，无法找咨询师处理这些拉扯，那么当我们通过此书让自己做练习，多少能够使我们在心慌的时候，通过自己的力量获得支持。

这有两层意义，一是“让我们自给自足”，二是让我们看见“我们是能自给自足的”。

当我们尝试真正欣赏自己、接纳自己、活出自己，并不是要我们欺骗自己，或是放大我们的自恋，而是真的在叙事治疗的方法中，看见我们确实是有力量的存在。

然而，活在鸡汤和美图中的人生，就是委屈自己吗？

强迫自己去改变，那有时反而会让我们更加自我贬抑，感觉自己不够好。逃避本身也是一种休息，那么当我们在进行书写，不妨将其视为休息时间的一种爱好，去培养这种爱好，让它自然而然地发芽。

叙事治疗与写作，我们一生的朋友

最后，来说说我将叙事治疗写成一本“人人可以自行操作”的书的原因。

我想起刚上大学那阵子，重拾弹钢琴的爱好。有一次我问妈妈：“为什么小时候让我去学钢琴？”（记得是幼儿园小班左右的年纪开始学钢琴。）

我才知道，妈妈的目的不是要我变得优秀，不是为了打入什么上流社会，或是因为其他人都送孩子学钢琴，所以我也要去。

妈妈说："音乐是陪伴人一生的朋友。学了钢琴以后一个人生活的时候，就不怕孤单了。"

爱因斯坦也曾说过，拉小提琴帮助他度过许多难受的时光。

能够培养一个一生的爱好，真的会让生活增色不少，同时也确实会让一个人在孤单的时候，有一个陪伴自己的朋友。

没有父母能永远陪伴孩子，人生总会有许多路需要一个人走。

我想这才是让孩子学才艺的积极意义，不只是为了开发什么多元智能之类的理由，而是让孩子找到一位永恒的陪伴者，一个在黑暗中不怕黑的理由。

那就是爱好，是我们跟同好一起做会很开心，一个人做的时候也不会落寞的一件事。

到这里，我想可以回头说说我为什么在刚上大学的时候重拾钢琴。

高三当大家都忙着联考，我因为骑摩托车出了车祸，导致左手腕骨折。打了两个月石膏，拆掉之后开始漫长的康复。当时左手就像《星球大战》电影中的C-3PO，无法转动手腕，所以一些动作要靠转动手肘和整条手臂来完成。

除了每周固定去医院复健，我想自己也在家做点什么，就拿出十几年没摸的琴谱，从三四岁那时候的曲子开始一点点弹。当时弹不到半小时，手腕就痛得要命。

刚好碰上人生迷茫期，不想读大学，也不知道以后要做什么。钢琴复健成了我处理当时低潮的方式，于是小时候深感枯燥的弹钢琴练习，在十多年后成了疗愈心灵的方式。

我的母亲让我学钢琴，但从来没逼我要学到几级，或者表演给别人看好证明孩子的优秀。

音乐和钢琴确实成了我的良师益友，迄今仍陪伴着我。

叙事治疗与写作，或许可以成为你生命中的良师益友，伴你走过孤独的每一刻。若能发挥这样的作用，我与你便产生了连结，我们与自身也产生了连结，这对我意义非凡，希望对你也是。

后记

此书付梓于 2018 年，夏。

同时我的人生故事，也走到了夏天。

真美啊！

2018 年 7 月

于上海